电力企业**安全教育**读本

U0246785

变电班组级

安全知识

本书编写组　编

中国电力出版社
CHINA ELECTRIC POWER PRESS

内 容 提 要

为进一步提高电力员工的安全素质，减少其因知识欠缺而违章，帮助电力企业提高安全教育质量，特组织编写《电力企业安全教育读本》。本丛书具有针对电力企业员工三级安全教育、结合电力生产实际、详细分析事故案例、解读安全规程四大特点。

本书为《变电班组级安全知识》，主要内容包括变电班组主要安全管理制度和岗位责任，以及变电班组的主要工作流程和工作特点，同时对变电站主要工作项目的安全要求和进入变电站作业的安全要求等也做了详细介绍，是电网企业员工和新员工的必修内容。

本书可供电力企业员工三级安全教育培训使用，也可作为新入职电力企业员工的学习资料。

图书在版编目（CIP）数据

变电班组级安全知识／《变电班组级安全知识》编写组编. —北京：中国电力出版社，2017.1

（电力企业安全教育读本）
ISBN 978-7-5123-9511-4

Ⅰ. ①变…　Ⅱ. ①变…　Ⅲ. ①变电所－电力工程－安全管理
Ⅳ. ①TM63

中国版本图书馆 CIP 数据核字（2016）第 149391 号

中国电力出版社出版、发行

（北京市东城区北京站西街 19 号　100005　http://www.cepp.sgcc.com.cn）
航远印刷有限公司印刷
各地新华书店经售

*

2017 年 1 月第一版　　2017 年 1 月北京第一次印刷
850 毫米×1168 毫米　32 开本　5.625 印张　140 千字
印数 0001—2000 册　　定价 **28.00** 元

敬 告 读 者

前　言

　　安全是电力生产的永恒主题，电力生产的客观规律和电力在国民经济中的特殊地位决定了电力企业必须坚持"安全第一，预防为主，综合治理"的方针，以确保安全生产。

　　随着近年来我国经济的增长，电力需求越来越大，电网建设速度突飞猛进，电源结构调整不断优化，技术装备水平大幅提升，实现了跨越式发展，这对电力企业安全生产提出了更高的要求。为了进一步提高电力员工的安全素质，减少其因知识欠缺而违章，同时也帮助电力企业提高安全教育质量，特组织行业专家编写本套《电力企业安全教育读本》丛书。本丛书共分为 8 个分册，主要包括《发电企业级安全知识》《发电企业车间级安全知识》《发电企业班组级安全知识》《供电企业级安全知识》《变电工区级安全知识》《变电班组级安全知识》《输电工区级安全知识》《输电班组级安全知识》。

　　本丛书具有针对电力企业员工三级安全教育、结合电力生产实际、详细分析事故案例、解读安全规程四大特点。

　　本书为《变电班组级安全知识》分册，其编写参考了电力企业相关的安全培训资料，并结合电力生产工作实际，从安全措施入手，详细介绍了变电班组级安全知识，包括变电班组主要安全管理制度和岗位责任，以及变电班组的主要工作流程和工作特点，同时，对变电站主要工作项目的安全要求和进入变电站作业的安全要求等也做了详细介绍，并列举了违反安全制度的事故案例。

　　本丛书可供电力企业员工三级安全教育培训使用，也可作为新入职电力员工的学习资料。

由于编写时间仓促，本丛书难免存在疏漏之处，恳请各位专家和读者提出宝贵意见，使之不断完善。

编　者

2016 年 11 月

目 录

前言

第一章 变电班组主要安全管理制度和岗位责任 ·····················1
 第一节 安全管理制度 ·······································1
 第二节 现场安全作业指导 ·································11
 第三节 变电班组岗位职责 ·································22
第二章 变电班组的主要工作流程和工作特点 ···············29
 第一节 主要工作流程 ·····································29
 第二节 变电班组的工作特点 ·····························31
第三章 进入变电站作业的安全要求 ·······················38
 第一节 进入变电站的着装要求 ·························38
 第二节 进入变电站作业的纪律要求 ···················39
 第三节 进入变电站一次设备区的安全要求 ···········40
 第四节 进入电缆室作业的安全要求 ···················43
 第五节 在六氟化硫（SF$_6$）电气设备上工作的
     安全要求 ···45
 第六节 进入配电室、变电站的安全要求 ···············46
第四章 变电站主要工作项目的安全要求 ···················48
 第一节 变电站倒闸操作 ·································48
 第二节 变电站事故处理 ·································53
第五章 变电站电气安全用具的使用与管理 ···············63
第六章 消防基本知识 ·······································73
 第一节 消防基本知识 ·····································73

第二节　消防器具及使用方法 ················· 86

第三节　典型消防系统介绍 ··················· 109

第四节　电缆火灾及预防 ····················· 117

第七章　紧急救护法 ························· 123

第一节　基本原则 ························· 123

第二节　触电急救 ························· 123

第三节　创伤急救 ························· 137

第八章　事故案例 ··························· 142

案例一　电击事故 ························· 142

案例二　感应电击事故 ····················· 144

案例三　高空坠落物体打击事故 ················ 145

案例四　爆炸着火伤害事故 ·················· 146

案例五　误爬误登事故 ····················· 148

案例六　跨步电压事故 ····················· 149

案例七　误投保护压板事故 ·················· 150

案例八　巡视设备人身事故 ·················· 151

附录 A　变电站各类流程图 ··················· 153

附录 B　变电站工作票及操作票格式 ·············· 156

附录 C　安全工器具检查卡 ··················· 164

参考文献 ······························· 170

第一章

变电班组主要安全管理制度和岗位责任

　　变电站班组是电力企业的细胞，是企业一切工作的落脚点，加强班组建设，是建设构建和谐企业的前提和基础。要搞好变电站班组建设，需要踏踏实实地做许多细致的工作。只有做到思想上重视、措施上得力、机制上创新、才能真正搞活变电站的班组建设工作，才能使变电站的班组建设基础得到巩固和提高，最终保证变电站安全文明生产。

第一节　安全管理制度

一、安全措施

　　（1）变电站属于电力安全重地，外来人员必须履行出入登记手续，工作人员合理使用安全防护用品，持有效证件操作。必须会扑救电气火灾和正确使用灭火器。

　　（2）值班电工要有高度的工作责任心。严格执行值班巡视制度、倒闸操作制度、工作票制度、交接班制度、外来人员出入登记制度、安全用具及消防设备管理制度，做好设备运行登记和工作记录。禁止在岗位内喝酒、吸烟、娱乐、睡觉等，严禁擅离职守，认真履行职责。

　　（3）值班电工必须熟悉高低压配电室内电器设备的性能及运行方式，掌握操作技术。不论高压设备是否带电，值班电工不得单独移开或越过遮栏进行工作。

（4）雷雨天气需要巡视高压设备时，应穿绝缘鞋，并不得靠近避雷器与避雷针。

（5）巡视配电装置，进出高低压室，必须随手将门锁好。经常保持门窗完好，防止小动物进入，做好防盗工作；禁止非工作人员进入高低压室。

（6）与供电单位或需停电单位联系，进行停、送电倒闸操作时操作负责人必须复诵核对无误，并且将联系内容和联系人姓名做好记录。停送电操作必须按照倒闸操作顺序依次操作，杜绝带负荷停送电。

（7）用绝缘棒拉合高压开关或经传动机构拉合高压开关和油断路器，都应戴绝缘手套。带电装卸熔断器时，应戴防护眼镜和绝缘手套，必要时使用绝缘夹钳，并站在绝缘垫上。

（8）在即可送电的工作地点的断路器和隔离开关操作把手上都应悬挂"禁止合闸，有人工作"的警示牌。工作地点两旁和对面的带电设备遮拦上和禁止通行的过道上悬挂"止步、高压危险"的警示牌。在春秋季检修或临时工作需要停电时，值班电工应该按照工作要求做好安全措施，包括停电、验电、装设临时接地线、装设遮栏和悬挂警示牌，会同工作负责人现场检查确认无电，并交代附近带电设备位置和注意事项，然后双方办理许可开工签证，方可开始工作。严禁约时停送电或者电话通知停送电。杜绝无计划和不按计划停送电。

（9）工作结束时，工作人员撤离，工作负责人向值班电工交代清楚，并共同检查，然后双方办理工作终结签证后，值班电工方可拆除安全措施，恢复送电。在未办理工作终结手续前，值班电工不准将施工或检修设备合闸送电。

（10）验电时必须用电压等级合适并且合格的验电器，在检修设备进出线两侧分别验电。验电前应先在有电设备上试验证明验电器良好。高压设备验电必须戴绝缘手套。

（11）电气设备停电后，在未拉隔离开关和做好安全措施以前应视为有电，不得触及设备和进入遮栏，以防突然来电。

（12）发生人身触电事故和火灾事故时，值班人员可不经联系立即断开有电设备的电源，以进行抢救。电器设备发生火灾时，应该用二氧化碳灭火器扑救。只有在周围全部停电后才能用其他灭火器扑救。高低压配电室门窗应加设网栏，防止鼠害。

（13）变电站消防器具应符合消防部门的规定，定期检查消防器具的完好情况，并做好记录。站（所）内不得堆放杂物及与工作无关的物品，严禁堆放可燃物品和存放易燃易爆物品。运行人员应学习消防知识和消防器具的使用方法，将接近过期的灭火器用作消防演习。

（14）配电房值班人员，不得在岗位上饮酒或酒后上岗。如发现一次违规，将对违规人员解除劳动合同处理。因施工、维修等原因需变电室拉闸、合闸时，由该单位提出书面申请，经设备能源科同意后由设备能源科电工执行。

二、交接班制度

交接班工作必须严肃、认真进行，交接班人员应严格按规定履行交接班手续，具体内容和要求如下：

（1）交班人员应详细填写各项记录，并做好环境卫生工作；遇有操作或工作任务时，应主动为下一班组做好准备工作。

（2）交接班要严格按照《巡回检查制度》规定的项目认真进行检查。

（3）交班中发生的问题由交班人员负责，至交班后出现的问题由接班人员负责。

（4）在规定交接班的时间内如接班人员不来，交班人员有权汇报；若无人接班时，交班人员不得离开岗位。

（5）交接班必须严格执行"七交"与"七不交"。

1）交清当班运转情况，交代不清不接。

2）交清设备故障和隐患，交代不清不接。

3）交清应处理而未处理问题的原因，交代不清不接。

4）交清工具和材料配件的情况，交代不清不接。

5）交清设备和室内卫生打扫情况，数量不符时不接。

6）交清各种记录填写情况，发现填写不完整或未填写时不接。

7）交班不交给无合格证者或喝酒或精神不正常的人，非当班人员交代情况不接。

（6）交班人员认为未按规定进行交接时，有权拒绝交接班，并迅速向领导汇报。符合交接班规定时，双方要在交接班记录簿上签字。

（7）交接班时，应尽量避免倒闸操作和许可工作。在交接中发生事故或异常运行情况时，须立即停止交接，原则上应由交班人员负责处理，接班人员应主动协助处理。当事故处理完时，再继续办理交接班手续（变电站交接班作业流程图见 A.1）。

三、巡回检查制度

为了掌握、监视设备运行状况，及时发现异常和缺陷，对站内运行及备用设备，应进行定期和特殊巡视，并在实践中不断改进。

（一）巡视周期

有人值班的变电站每小时巡视一次，无人值班的变电站每四小时至少巡视一次，车间变电站每班巡视一次。特殊巡视按需要进行。

（二）定期巡视项目

（1）注油设备油面是否适当，油色是否清晰，有无渗漏；

（2）瓷绝缘子有无破碎和放电现象；

（3）各连接点有无过热现象；

（4）变压器及旋转电机的声音、温度是否正常；

（5）变压器的冷却装置运行是否正常；

（6）电容器有无异声及外壳是否有变形膨胀等现象；

（7）电力电缆终端盒有无渗漏油现象；

（8）各种信号指示是否正常，二次回路的断路器、隔离开关位置是否正确；

（9）继电保护及自动装置压板位置是否正确；

（10）仪表指示是否正常，指针有无弯曲、卡涩现象，电度表有无停走或倒走现象；

（11）直流母线电压及浮充电流是否适当；

（12）蓄电池的液面是否适当，极板颜色是否正常，有无生盐、弯曲、断裂、泡胀及局部短路现象；

（13）设备缺陷有无发展变化等。

（三）特殊巡视项目

（1）大风来临前，检查周围杂物，防止杂物吹到设备上；大风时，注意室外软导线风偏后相间及对地距离是否过小。

（2）雷电后，检查瓷绝缘有无放电痕迹，避雷器、避雷针是否放电、雷电计数器是否动作。

（3）在雾、雨、雪等气象时，应注意观察瓷绝缘放电情况。

（4）重负荷时，检查触头、接头有无过热现象。

（5）发生异常运行情况时，查看电压、电流及继电保护动作情况。

（6）夜间熄灯巡视，检查瓷绝缘有无放电闪络现象、连接点处有无过热发红现象。

（四）巡视时应遵守的安全规定

（1）巡视高压配电装置一般应两人一起进行，经考试合格并由单位领导批准的人员允许单独巡视高压设备。巡视配电装置、进出高压室时，必须随手把门关好。

（2）巡视高压设备时，不得移开或越过遮栏，并不准进行任何操作；若有必要移动遮栏时，必须有监护人在场，并保持下列安全距离：10kV及以下0.7m，35kV及以下1m。

（3）高压设备的导电部分发生接地故障时，在室内不得接近故障点4m以内，在室外不得接近故障点8m以内。进入上述范围的人员必须穿绝缘靴，接触设备的外壳和构架时，应戴绝缘手套。不能及时处理易造成重大隐患的应及时上报领导（变电设备巡视流程图见 A.2）。

四、设备缺陷管理制度

保证设备经常处于良好的技术状态是确保安全运行的重要环节之一。为了全面掌握设备的健康状况，应在发现设备缺陷时，尽快消除，努力做到防患于未然。同时，也是为安排设备的检修及试验等工作计划提供依据，必须认真执行以下设备缺陷管理制度。

（1）凡是已投入运行或备用的各个电压等级的电气设备，包括电气一次回路及二次回路设备、防雷装置、通信设备、配电装置构架及房屋建筑，均属设备缺陷管理范围。

（2）按对供、用电安全的威胁程度，缺陷可分为 Ⅰ、Ⅱ、Ⅲ 三类：Ⅰ类缺陷是紧急缺陷，它是指可能发生人身伤亡、大面积停电、主设备损坏或造成政治影响的停电事故者，这种缺陷性质严重、情况危急，必须立即处理；Ⅱ类缺陷是重大缺陷，它是指设备尚可继续运行，但情况严重，已影响设备出力，不能满足系统正常运行之需要，或短期内会发生事故，威胁安全运行者；Ⅲ类缺陷为一般缺陷，它性质一般、情况轻微，暂时不危及安全运行，可列入计划进行处理者。

发现缺陷后，应认真分析产生缺陷的原因，并根据其性质和情况予以处理。发现紧急缺陷后，应立即设法停电进行处理。同时，要向本单位电气负责人和供电局调度汇报。发现重大缺陷后，应向电气负责人汇报，尽可能及时处理；如不能立即处理，务必在一星期内安排计划进行处理。发现一般缺陷后，不论其是否影响安全，均应积极处理。对存在困难无法自行处理的缺陷，应向电气负责人汇报，将其纳入计划检修中予以消除。任何缺陷发现和消除后都应及时、正确地记入缺陷记录簿中。缺陷记录的主要内容应包括：设备名称和编号、缺陷主要情况、缺陷分类归属、发现者姓名和日期、处理方案、处理结果、处理者姓名和日期等。

电气负责人应定期召集有关人员开会，对设备缺陷产生的原因、发展的规律、最佳处理方法及预防措施等进行分析和研究，以不断提高运行管理水平。设备缺陷及异常记录见表1-1。

表1-1　　　　　　　　设备缺陷及异常记录

编号	设备名称	发现时间	发现者姓名	缺陷及异常内容	处理情况	处理日期	处理者姓名

五、运行分析制度

实践证明，运行分析制度的制定和执行，对提高运行管理水平和安全供、用电起着十分重要的作用。因此，各单位要根据各自的具体情况不断予以修正和完善。每月或每季度定期召开运行工作分析会议。运行分析的内容应包括：设备缺陷的原因分析及防范措施；电气主设备和辅助设备所发生的事故（或故障）的原因分析；提出针对性的反事故措施；总结发生缺陷和处理缺陷的先进方法；分析运行方式的安全性、可靠性、灵活性、经济性和合理性；分析继电保护装置动作的灵敏性、准确性和可靠性。每次运行分析均应做好详细记录备查，整改措施应限期逐项落实完成。

六、场地环境管理制度

要坚持文明生产，定期清扫、整理，经常保持场地环境的清洁卫生和整齐美观。消防设施应固定安放在便于取用的位置。设备操作通道和巡视走道上必须随时保证畅通无阻，严禁堆放杂物。控制室、开关室、电容器室、蓄电池室等房屋建筑应定期进行维修，达到"四防一通"（防火、防雨雪、防汛、防小动物的侵入及保持通风良好）的要求。电缆沟盖板应完整无缺，电缆沟内应无积水。室外要经常清除杂草,设备区内严禁栽培高杆或爬藤植物,如因绿化需要则以灌木为宜,而且应经常修剪。机动车辆(如起重吊车)必须经电气负责人批准后方可驶入变电站(所)区域内。进行作业前落实好安全措施,作业中应始终与设备有电部分保持足够的安全距离。

七、技术管理制度

技术管理是变电站(所)管理的一个重要方面。通过技术管理可使运行人员有章可循,并便于积累资料和运行事故分析,有利于提高运行人员的技术管理水平,保证设备安全运行。技术管理应做好以下几项工作:

(一)安全目标管理及收集、建立设备档案

(1)安全目标管理:变电站每年应制定安全管理目标,结合变电站的实际情况和本年度设备修理、操作计划,制定出变电站年度安全管理目标,并上报主管部门。按期对照年度安全管理目标的完成情况进行小结和分析,对存在问题提出改进措施。

(2)收集和建立设备档案:原始资料,如变电站(所)设计书(包括电气和土建设施)、设计产品说明书、验收记录、启动方案和存在的问题,一、二次接线及专业资料(包括展开图、屏面布置图、接线图、继电保护装置整定书等),设备档案(包括设备规范、操作和性能等),设备检修报告、试验报告、继电保护检验报告、绝缘油简化试验报告、色谱分析报告,负荷资料及设备缺陷记录及分析资料、安全记录、运行分析记录、运行工作计划及月报等。

(二)应建立和保存的规程

应保存《国家电网公司电力安全工作规程(变电部分)《国家电网公司电力安全工作规程(线路部分)》《国家电网公司电力安全工作规程(配电部分)》《国家电网公司电力安全工作规程(发电厂和变电站电气部分)》》和本站(所)的电气事故处理规程等。

（三）应具备的技术图纸

有防雷保护图、接地装置图、土建图、铁件加工图和设备绝缘监督图。

（四）应挂示的图表

应挂示一次系统模拟图、主变压器接头及运行位置图、变电站（所）巡视检查路线图、设备定级及缺陷揭示表、继电保护定值表、工作计划表、有权签发工作票人员名单表、设备分工管理表和清洁工作区域划分图等。

（五）应有的记录簿

应有值班工作日记簿、值班操作记录簿、工作票登记簿、设备缺陷记录簿、电气试验现场记录簿、继电保护工作记录簿、断路器动作记录簿、蓄电池维护记录簿、蓄电池测量记录簿、雷电活动记录簿、上级文件登记及上级指示记录簿、事故及异常情况记录簿、安全情况记录簿和外来人员出入登记簿。

八、变电站运行管理制度

变电站是电网的重要组成部分，为了提高安全、经济运行水平，适应现代化管理的要求，必须加强运行管理。

（一）运行管理的基本要求

坚决执行"安全第一"的方针，工作中要严肃认真，细致周到。执行规程是运行人员的天职，必须严格执行部颁和各级领导所颁发的规章制度和指示，重点贯彻执行电力安全工作规程、变电站现场运行现程、变电站事故处理规程和调度管理规程。遵守公司规章制度、坚守岗位、服从运行工作纪律、服从系统、服从调度。严肃认真、正确地执行电网各级当值调度员发布的调度命令，及时消除事故，防止事故扩大。

运行人员要积极参加培训活动，学习理论知识，练好基本功，达到"三熟、三能"的要求。"三熟"即熟悉设备、熟悉系统、熟悉操作和事故处理。"三能"即能分析运行情况，能发现和排除故障，能掌握一般的维修技术。变电站检修时，应按《国家电网公司电力安全工作规程（发电厂和变电站电气部分）》的规定，认真负责地做好可靠的安全技术措施和组织措施，检修后做好设备的验收交接工作。要定期巡视设备，发现缺陷按照缺陷管理制度逐级汇报，直到缺陷消除为止。

努力做好运行监督分析工作，根据气候、负荷、温度等变化规律，做到"三勤"，即勤分析、勤监视、勤检查，防患于未然。要做好技术资料管理工作，搞好有关图纸和各种记录，使之为运行服务。

（二）运行人员应熟知和掌握的内容

熟悉本站及与本站有关的输、变、配电系统和运行方式，变电站内部系统接线图及设备布置，以及正常和事故照明、通信系统；站内一、二次设备、直流、防雷的特性规范、构造、作用、原理和验收标准；保护、自动装置、故障录波器的原理图、展开图、施工图、装配位置，及保护定值和运行中的注意事项；站内各种信号、直流系统、仪表装置的接线和用途；监控系统的原理及使用，站内设备的缺陷和运行上的薄弱环节，站内常用工器具的用途和使用方法，安全用具是否符合规程要求，站内设备的维护和一般维修。

（三）运行管理实行各级责任制

运行管理工作由总工领导。变电运行工程师负责制定公司运行管理制度，组织编制和修订变电站运行规程，并监督执行。协助做好设备定级工作，汇总、鉴定设备缺陷情况，参加事故及异常情况的调查分析，督促有关部门反事故措施的实施等。变电工区主管运行的主任（副主任）负责运行人员的安全思想教育，贯彻执行各项规程制度和上级指示，定期查阅变电站的运行日志和各项记录以及两票三制的执行情况，督促消除重大缺陷和反事故技术措施的实施，主持运行分析会，分析变电设备技术、运行情况和人员不安全情况，制订改进措施，并组织实施，制订变电站运行人员的培训计划，做好每一阶段的岗位培训工作，负责组织安排各变电站的互查、评比工作等。变电运行专责工程师的职责是编制和修订 110kV 及以下变电站的现场运行规程，并组织运行人员学习和贯彻执行等。变电站主值班员当值期间是本站的运行负责人，在操作上听从当值调度员的指挥，正确接受当值调度员发布的操作命令，认真审查"两票"的正确性，负责操作监护、许可和终结工作票，负责站长监护下的重大操作，做好设备巡视检查工作，正确检查判断缺陷的程度和性质，并提出处理意见，做好缺陷登记和消除工作，使设备处于完好状态，同时负责对学徒工、副值班员的技术培训工作等。变电站副值班员的职责是协助主值班员做好一切运行工作，按照调度命令准确填写操作票，并在主值的监护下，负责倒闸操作等。

第二节　现场安全作业指导

作业现场的生产条件和安全设施等应符合有关标准、规范的要求，工作人员的劳动防护用品应合格、齐备。现场使用的安全工器具应合格并符合有关要求。各类作业人员应被告知其作业现场和工作岗位存在的危险因素、防范措施。

一、作业人员的基本条件

经医师鉴定，无妨碍工作的病症（体格检查每两年至少一次），具备必要的电气知识和业务技能，且按工作性质，熟悉电力安全工作规程的相关部分，并经考试合格，具备必要的安全生产知识，会紧急救护法，特别是要会触电急救。

二、教育和培训

各类作业人员应接受相应的安全生产教育和岗位技能培训，经考试合格上岗。作业人员对电力安全工作规程的相关部分应每年考试一次。因故间断电气工作连续三个月以上者，应重新学习电力安全工作规程的相关部分，并经考试合格后，方能恢复工作。新参加电气工作的人员、实习人员和临时参加劳动的人员（管理人员、临时工等），应经过安全知识教育后，方可下现场参加指定的工作，并且不得单独工作。外单位承担或外来人员参与公司系统电气工作的工作人员应熟悉电力安全工作规程的相关部分，并经考试合格，方可参加工作。工作前，设备运行管理单位应告知现场电气设备接线情况、危险点和安全注意事项。

三、高压设备工作的基本要求

运行人员应熟悉电气设备，单独值班人员或运行值班负责人还应有实际工作经验。无论高压设备是否带电，工作人员不得单独移开或越过遮栏进行工作；若有必要移开遮栏时，必须有监护人在场，并符合相关的安全距离。经本单位批准允许单独巡视高压设备的人员巡视高压设备时，不得进行其他工作，不得移开或越过遮栏。雷雨天气，需要巡视室外高压设备时，应穿绝缘靴，并不得靠近避雷器和避雷针。火灾、地震、台风、洪水等灾害发生时，如要对设备进行巡视时，应得到设备运行管理单位有关领导批准，巡视人员应与派出部门之间保持通信联络。

高压设备发生接地时，室内不得接近故障点 4m 以内，室外不得接近故障点 8m 以内。进入上述范围人员应穿绝缘靴，接触设备的外壳和构架时，应戴绝缘手套。巡视配电装置，进出高压室，应随手关门。高压室的钥匙至少应有三把，由运行人员负责保管，按值移交。一把专供紧急时使用，一把专供运行人员使用，其他可以借给经批准的巡视高压设备人员和经批准的检修、施工队伍的工作负责人使用，但应登记签名，巡视或当日工作结束后交还。

四、倒闸操作的安全要求

（1）倒闸操作必须根据值班调度员或电气负责人的命令，受令人复诵无误后执行。发布命令应准确、清晰，使用正规操作术语和设备双重名称，即设备名称和编号。发令人使用电话发布命令前，应先和受令人互通姓名，发布和听取命令的全过程，都要录音并做好记录。

（2）倒闸操作由操作人填写操作票。单人值班，操作票由发令人用电话向值班员传达，值班员应根据传达填写操作票，复诵无误，并在监护人签名处填入发令人姓名。每张操作票只能填写一个操作任务。

（3）倒闸操作必须有两人执行，其中一人对设备较为熟悉者做监护，单人值班的变电所倒闸操作可由一人进行。开始操作前，应根据操作票的顺序先在操作模拟板上进行核对性操作，对设备的名称、编号和位置，并检查断路器、隔离开关、自动开关等的通断位置与工作票所写的是否相符。

（4）操作中，应认真执行复诵制、监护制，发布操作命令和复诵操作命令都应严肃认真，声音洪亮、清晰，必须按操作票填写的顺序逐项操作，每操作完一项应有监护人检查无误后在操作票项目前打"√"；全部操作完毕后再核查一遍。

（5）操作中发生疑问时，应立即停止操作并向值班调度员或电气负责人报告，弄清楚问题后再进行操作，不准擅自更改操作票。

（6）操作人员与带电导体应保持足够的安全距离，同时应穿长袖衣服和长裤。用绝缘棒拉、合高压隔离开关及跌落式开关或经传动机构拉、合高压断路器及高压隔离开关时，均应戴绝缘手套；操作室外设备时，还应穿绝缘靴。雷电时禁止进行倒闸操作。装卸高压熔丝管时，必要时使用绝缘夹钳或绝缘杆，应带护目眼镜和绝缘手套，并应站在绝缘垫（台）上。雨天操作室外高压设备时，绝缘棒应带有防雨罩，还应穿绝缘靴。

（7）变、配电所（室）的值班员，应熟悉电气设备调度范围的划分。凡属供电局调度的设备，均应按调度员的操作命令方可进行操作。不受供电局调度的双电源（包括自发电）用电单位，严禁并路倒闸（倒闸时应先停常用电源，检查并确认在开位后送备用电源）。

（8）在发生人身触电事故时，可以不经许可即行断开有关设备的电源，但事后必须立即报告上级。

（9）单人操作时不得进行登高或登杆操作。电气设备操作后的位置检查应以设备实际位置为准，无法看到实际位置时，可通过设备机械位置指示、电气指示、仪表及各种遥测、遥信信号的变化，且至少应有两个及以上指示已同时发生对应变化，才能确认该设备已操作到位。在发生人身触电事故时，为了抢救触电人，可以不经许可，即行断开有关设备的电源，但事后应立即报告调度和上级部门。

五、高压设备上工作的安全要求

在运用中的高压设备上工作，分为三类。全部停电的工作，系指室内高压设备全部停电（包括架空线路与电缆引入线在内），并且通至邻接高压室的门全部闭锁，以及室外高压设备全部停电（包括架空线路与电缆引入线在内）。部分停电的工作，系指高压设备部分停电，或室内虽全部停电，而通至邻接高压室的门并未全部闭锁。不停电工作，系指工作本身不需要停电并且没有偶然触及导电部分的危险，许可在带电设备外壳上或导电部分上进行的工作。

在高压设备上工作，应至少由两人进行，并完成保证安全的组织措施和技术措施。

六、保证安全的组织措施

在电气设备上工作，保证安全的组织措施有工作票制度、工作许可制度、工作监护制度、工作间断、转移和终结制度。

（一）工作票制度

工作票应使用钢笔或圆珠笔填写与签发，一式两份，内容应正确，填写应清楚，不得任意涂改。如有个别错、漏字需要修改，应使用规范的符号，字迹应清楚。用计算机生成或打印的工作票应使用统一的票面格式，由工作票签发人审核无误，手工或电子签名后方可执行。工作票一份应保存在工作地点，由工作负责人收执；另一份由工作许可人收执，按值移交。工作许可人应将工作票的编号、工作任务、许可及终结时间记入登记簿。一张工作票中，工作票签发人、工作负责人和工作许可人三者不得互相兼任。工作负责人可以填写工作票。工作票由设备运行管理单位签发，也可由经设备运行管理单位审核且经批准的修试及基建单位签发。修试及基建单位的工作票签发人及工作负责人名单应事先送有关设备运行管理单位备案。第一种工作票在工作票签发人认为必要时可采用总工作票、分工作票，并同时签发。总工作票、分工作票的填用、许可等有关规定由单位主管生产的领导（总工程师）批准后执行。供电单位或施工单位到用户变电站内施工时，工作票应由有权签发工作票的供电单位、施工单位或用户单位签发。

工作票的使用：一个工作负责人只能发给一张工作票，工作票上所列的工作地点，以一个电气连接部分为限，若一个电气连接部分或一个配电装置全部停电，则所有不同地点的工作，可以发给一张工作票，但要详细填明主要工作内容。几个班同时进行工作时，工作票可发给一个总的负责人，在工作班成员栏内，只填明各班的负责人，不必填写全部工作人员名单。若至预定时间，一部分工作尚未完成，需继续工作而不妨碍送电者，在送电前，应按照送电后现场设备带电情况，办理新的工作票，布置好安全措施后，方可继续工作。在几个电气连接部分上依次进行不停电的同一类型的工作，可以使用一张第二种工作票。在同一变电站或发电厂升压站内，依次进行的同一类型的带电作业可以使用一张带电作业工作票。持线路或电缆工作票进入变电站或发电厂升压站进行架空线路、电缆等工作，应增填工作票份数，工作负责人应将其中一份工作票交变电站或发电厂工作许可人许可工作（工作票格式见 B.1 和 B.2）。

（二）工作许可制度

工作许可人在完成施工现场的安全措施后，还应完成以下手续，工作班方可开始工作：会同工作负责人到现场再次检查所做的安全措施，对具体的设备指明实际的隔离措施，证明检修设备确无电压；对工作负责人指明带电设备的位置和工作过程中的注意事项；工作负责人在工作票上分别确认、签名。

（三）工作监护制度

工作票许可手续完成后，工作负责人、专责监护人应向工作班成员交代工作内容、人员分工、带电部位和现场安全措施，进行危险点告知，并履行确认手续，工作班方可开始工作。工作负责人、专责监护人应始终在工作现场，对工作班人员的安全认真监护，及时纠正不安全的行为。所有工作人员（包括工作负责人）不许单独进入、滞留在高压室内和室外高压设备区内。若工作需要（如测量极性、回路导通试验等），而且现场设备允许时，可以准许工作班中有实际经验的一个人或几人同时在室内外进行工作，但工作负责人应在事前将有关安全注意事项予以详尽的告知，工作负责人在全部停电时，可以参加工作班工作。在部分停电时，只有在安全措施可靠，人员集中在一个工作地点，不致误碰有电部分的情况下，方能参加工作。工作票签发人或工作负责人，应根据现场的安全条件、施工范围、工作需要等具体情况，增设专责监护人和确定被监护的人员。

专责监护人不得兼做其他工作。专责监护人临时离开时，应通知被监护人员停止工作或离开工作现场，待专责监护人回来后方可恢复工作。工作期间，工作负责人若因故暂时离开工作现场时，应指定能胜任的人员临时代替，离开前应将工作现场交代清楚，并告知工作班成员。原工作负责人返回工作现场时，也应履行同样的交接手续。若工作负责人必须长时间离开工作的现场时，应由原工作票签发人变更工作负责人，履行变更手续，并告知全体工作人员及工作许可人。原、现工作负责人应做好必要的交接。

（四）工作间断、转移和终结制度

工作间断时，工作班人员应从工作现场撤出，所有安全措施保持不动，工作票仍由工作负责人执存，间断后继续工作，无须通过工作许可人。每日收工，应清扫工作地点，开放已封闭的通路，并将工作票交回运行人员。次日复工时，应得到工作许可人的许可，取回工作票，工作负责人应重新认真检查安全措施是否符合工作票的要求，并召开现场站班会后，方可工作。若无工作负责人或专责监护人带领，工作人员不得进入工作地点。在未办理工作票终结手续以前，任何人员不准将停电设备合闸送电。在工作间断期间，若有紧急需要，运行人员可在工作票未交回的情况下合闸送电，但应先通知工作负责人，在得到工作班全体人员已经离开工作地点、可以送电的答复后方可执行，并应采取相应措施：拆除临时遮栏、接地线和标示牌，恢复常设遮栏，换挂"止步，高压危险！"的标示牌；应在所有道路派专人守候，以便告诉工作班人员"设备已经合闸送电，不得继续工作"。守候人员在工作票未交回以前，不得离开守候地点。

检修工作结束以前，若需给设备试加工作电压，应按下列条件进行：全体工作人员撤离工作地点，将该系统的所有工作票收回，拆除临时遮栏、接地线和标示牌，恢复常设遮栏；应在工作负责人和运行人员进行全面检查无误后，由运行人员进行加压试验。工作班若需继续工作时，应重新履行工作许可手续。全部工作完毕后，工作班应清扫、整理现场。工作负责人应先周密地检查，待全体工作人员撤离工作地点后，再向运行人员交代所修项目、发现的问题、试验结果和存在问题等，并与运行人员共同检查设备状况、状态，有无遗留物件，是否清洁等，然后在工作票上填明工作结束时间。经双方签名后，表示工作终结。待工作票上的临时遮栏已拆除，标示牌已取下，已恢复常设遮栏，未拉开的接地线、接地开关已汇报调度，工作票方告终结。只有在同一停电系统的所有工作票都已终结，并得到值班调度员或运行值班负责人的许可指令后，方可合闸送电。已终结的工作票、事故应急抢修单应保存一年。

七、保证安全的技术措施

在电气设备上工作，保证安全的技术措施有停电、验电、接地等。

（一）停电

工作地点，应停电的设备有：待检修的设备；与工作人员在进行工作中正常活动范围的距离小于规定的设备；在 35kV 及以下的设备处工作，安全距离小于规定，同时又无绝缘挡板、安全遮栏措施的设备；带电部分在工作人员后面、两侧、上下，且无可靠安全措施的设备；其他需要停电的设备等。

（二）验电

验电时，应使用相应电压等级而且合格的接触式验电器，在装设接地线或合接地开关处对各相分别验电。验电前，应先在有电设备上进行试验，确证验电器良好。无法在有电设备上进行试验时可用高压发生器等确证验电器良好。如果是在木杆、木梯或木架上验电，不接地线不能指示者，可在验电器绝缘杆尾部接上接地线，但应经运行值班负责人或工作负责人许可。高压验电应戴绝缘手套。验电器的伸缩式绝缘棒长度应拉足，验电时手应握在手柄处不得超过护环，人体应与被验电设备保持安全距离。雨雪天气时不得进行室外直接验电。对无法进行直接验电的设备，可以进行间接验电。即检查隔离开关（刀闸）的机械指示位置、电气指示、带电显装置、仪表及各种遥测、遥信等信号的变化，且至少应有两个非同样原理或非同源的指示发生对应变化，且所有这些确定的指示均已同时发生对应变化，才能确认该设备已无电；若进行遥控操作，则应同时检查隔离开关（刀闸）的状态指示、遥测、遥信信号及带电显示装置的指示来判断设备的带电情况，从而对设备进行间接验电，能有效解决设备无法直接验电的问题。表示设备断开和允许进入间隔的信号、经常接入的电压表等如果指示有电，则禁止在设备上工作。

（三）接地

装设接地线应由两人进行（经批准可以单人装设接地线的项目及运行人员除外）。当验明设备确已无电压后，应立即将检修设备接地并三相短路。电缆及电容器接地前应逐相充分放电，星形接线电容器的中性点应接地，串联电容器及与整组电容器脱离的电容器应逐个放电，装在绝缘支架上的电容器外壳也应放电。对于可能送电至停电设备的各方面都应装设接地线或合上接地开关，所装接地线与带电部分应考虑接地线摆动时仍符合安全距离的规定。对于因平行或邻近带电设备导致检修设备可能产生感应电压时，应加装接地线或工作人员使用个人保安线，加装的接地线应记录在工作票上，个人保安线由工作人员自装自拆。在门型架构的线路侧进行停电检修，如工作地点与所装接地线的距离小于 10m，工作地点虽在接地线外侧，也可不另装接地线。检修部分若分为几个在电气上不相连接的部分[如分段母线以隔离开关（刀闸）或断路器（开关）隔开分成几段]，则各段应分别验电接地短路。降压变电站全部停电时，应将各个可能来电侧的部分接地短路，其余部分不必每段都装设接地线或合上接地开关。接地线、接地开关与检修设备之间不得连有断路器（开关）或熔断器。若由于设备原因，接地开关与检修设备之间连有断路器（开关），在接地开关和断路器（开关）合上后，应有保证断路器（开关）不会分闸的措施。在配电装置上，接地线应装在该装置导电部分的规定地点，这些地点的油漆应刮去，并划有黑色标记。所有配电装置的适当地点，均应设有与接地网相连的接地端，接地电阻应合格。接地线应采用三相短路式接地线，若使用分相式接地线时，应设置三相合一的接地端。装设接地线应先接接地端，后接导体端，接地线应接触良好，连接应可靠。拆接地线的顺序与此相反。装、拆接地线均应使用绝缘棒和戴绝缘手套。人体不得碰触接地线或未接地的导线，以防止感应电触电。成套接地线应用有透明护套的多股软铜线组成，其截面积不得小于 25mm^2，同时应满足装设地点短路电流的要求。

禁止使用其他导线作接地线或短路线。接地线应使用专用的线夹固定在导体上，严禁用缠绕的方法进行接地或短路。严禁工作人员擅自移动或拆除接地线。每组接地线均应编号，并存放在固定地点。存放位置亦应编号，接地线号码与存放位置号码应一致。装、拆接地线，应做好记录，交接班时应交代清楚。

八、悬挂标示牌和装设遮栏（围栏）

在一经合闸即可送电到工作地点的断路器（开关）和隔离开关（刀闸）的操作把手上，均应悬挂"禁止合闸，有人工作！"的标示牌。如果线路上有人工作，应在线路断路器（开关）和隔离开关（刀闸）操作把手上悬挂"禁止合闸，线路有人工作！"的标示牌。对由于设备原因，接地开关与检修设备之间连有断路器（开关），在接地开关和断路器（开关）合上后，在断路器（开关）操作把手上，应悬挂"禁止分闸！"的标示牌。在显示屏上进行操作的断路器（开关）和隔离开关（刀闸）的操作处均应相应设置"禁止合闸，有人工作！"或"禁止合闸，线路有人工作！"以及"禁止分闸！"的标记。部分停电的工作，安全距离小于安全规定距离以内的未停电设备，应装设临时遮栏，临时遮栏与带电部分的距离，不得小于规定的安全数值，临时遮栏可用干燥木材、橡胶或其他坚韧绝缘材料制成，装设应牢固，并悬挂"止步，高压危险！"的标示牌。

35kV 及以下设备的临时遮栏，如因工作特殊需要，可用绝缘挡板与带电部分直接接触。但此种挡板应具有高度的绝缘性能，并符合安全要求。在室内高压设备上工作，应在工作地点两旁及对面运行设备间隔的遮栏（围栏）上和禁止通行的过道遮栏（围栏）上悬挂"止步，高压危险！"的标示牌。高压开关柜内手车开关拉出后，隔离带电部位的挡板封闭后禁止开启，并设置"止步，高压危险！"的标示牌。在室外高压设备上工作，应在工作地点四周装设围栏，其出入口要围至临近道路旁边，并设有"从此进出！"的标示牌。工作地点四周围栏上悬挂适当数量的"止步，高压危险！"标示牌，标示牌应朝向围栏里面。若室外配电装置的大部分设备停电，只有个别地点保留有带电设备而其他设备无触及带电导体的可能时，可以在带电设备四周装设全封闭围栏，围栏上悬挂适当数量的"止步，高压危险！"标示牌，标示牌应朝向围栏外面，严禁人员越过围栏和擅自移动或拆除遮栏（围栏）、标示牌。

九、线路作业时变电站的安全措施

线路的停、送电均应按照值班调度员或线路工作许可人的指令执行。严禁约时停、送电。停电时，应先将该线路可能来电的所有断路器（开关）、线路隔离开关（刀闸）、母线隔离开关（刀闸）全部拉开，手车开关应拉至试验或检修位置，验明确无电压后，在线路上所有可能来电的各端装设接地线或合上接地开关。在线路断路器（开关）和隔离开关（刀闸）操作把手上均应悬挂"禁止合闸，线路有人工作！"的标示牌，在显示屏上断路器（开关）和隔离开关（刀闸）的操作处均应设置"禁止合闸，线路有人工作！"的标记。值班调度员或线路工作许可人应将线路停电检修的工作班组数目、工作负责人姓名、工作地点和工作任务记入记录簿。工作结束时，应得到工作负责人（包括用户）的工作结束报告，确认所有工作班组均已竣工，接地线已拆除，工作人员已全部撤离线路，并与记录簿核对无误后，方可下令拆除变电站或发电厂内的安全措施，向线路送电。当用户管辖的线路要求停电时，应得到用户停送电联系人的书面申请经批准后方可停电，并做好安全措施。恢复送电，应接到原申请人的工作结束报告，做好录音并记录后方可进行。用户停送电联系人的名单应在调度和有关部门备案。

十、一般安全措施

任何人进入生产现场，应戴安全帽。工作场所的照明，应该保证足够的亮度。在操作盘、重要表计、主要楼梯、通道、调度室、机房、控制室等地点，还应设有事故照明。变、配电站及发电厂遇有电气设备着火时，应立即将有关设备的电源切断，然后进行救火。消防器材的配备、使用、维护，消防通道的配置等应遵守 DL 5027—2015《电力设备典型消防规程》的规定。电气工具和用具应由专人保管，定期进行检查。使用时，应按有关规定接入漏电保护装置、接地线。使用前应检查电线是否完好，有无接地线，不合格的不准使用。凡在离地面（坠落高度基准面）2m及以上的地点进行的工作，都应视作高处作业。高处作业应使用安全带（绳），安全带（绳）使用前应进行检查，并定期进行试验。安全带（绳）应挂在牢固的构件上或专为挂安全带用的钢架或钢丝绳上，并不得低挂高用，禁止系挂在移动或不牢固的物件上[如避雷器、断路器（开关）、隔离开关（刀闸）、电流互感器、电压互感器等支持件上]。在没有脚手架或者在没有栏杆的脚手架上工作，高度超过 1.5m 时，应使用安全带或采取其他可靠的安全措施。高处作业应使用工具袋，较大的工具应固定在牢固的构件上，不准随便乱放，上下传递物件应用绳索拴牢传递，严禁上下抛掷。在未做好安全措施的情况下，不准蹲在不坚固的结构上（如彩钢板屋顶）进行工作。梯子应坚固完整，梯子的支柱应能承受作业人员及所携带的工具、材料攀登时的总重量，硬质梯子的横木应嵌在支柱上，梯阶的距离不应大于 40cm，并在距梯顶 1m 处设限高标志。梯子不宜绑接使用。在户外变电站和高压室内搬动梯子、管子等长物，应两人放倒搬运，并与带电部分保持足够的安全距离。在变、配电站（开关站）的带电区域内或临近带电线路处，禁止使用金属梯子。在带电设备周围严禁使用钢卷尺、皮卷尺和线尺（夹有金属丝者）进行测量工作。

第三节　变电班组岗位职责

一、班长岗位职责和安全职责

（一）岗位职责

　　负责班组的安全文明生产、日常工作安排、质量管理、技术管理、基础管理、技术培训及班组员工职业道德教育等各项管理工作；负责制订班组的工作计划，并组织实施、检查、考核和总结；带领全班人员完成上级下达的各项任务和技术经济指标；负责制定变电运行轮值表、设备巡视表、设备维护周期表，并督促执行；按时报出总结及各类报表；负责查阅有关记录和检修、试验报告，了解运行、检修情况，定期巡视设备，掌握设备状况，对存在的设备缺陷认真核实，对严重缺陷及时组织分析。

负责督促当班人员遵章守纪，及时制止违章违纪行为，遇有较大的停电操作、检修工作以及较复杂的操作和事故处理时，应亲自主持准备工作，到现场把好技术、安全关。负责根据上级安排，认真开展好各项安全检查，发现问题认真分析，制定措施，及时处理，消除设备缺陷和不安全现象；负责贯彻各项反事故技术措施，督促完成上级下达的反事故措施计划，按时组织制定变电站现场防止误操作的技术和组织措施，以及安全生产的防范措施，并严格执行。

负责加强班组民主管理工作，落实班组"三公开"，即账目公开、考勤公开、评比公开；负责落实全站人员的岗位职责；负责做好新、改、扩建工程的生产准备，参与设备验收；负责组织班组员工收集设备运行、检修信息，在规定时间内对被管理设备进行及时、准确的状态评价，初评意见报告应涵盖所辖设备铭牌参数、投运日期、上次检修日期、状态量检测信息、状态评价分值、状态评价结论及班组评价建议等内容。

负责组织班组员工对生产管理信息系统及时、准确归档本班组的信息资料；负责带领班组员工做好班组建设工作，促进班组提高管理水平。

（二）安全职责

班长是本班组的安全第一责任人，对本班组员工在生产劳动过程中的安全和健康负责，对所管辖设备的安全运行负责，对落实"四不伤害"负责；制定班组安全目标并组织实施，控制未遂和异常；组织制定班组事故应急预案，组织安全活动，开展反事故演习；带头贯彻执行相关安全规程规定，坚决制止违章行为。

组织岗位安全技术培训，加强对班组员工及相关工作人员的安全教育；组织开展和参加定期安全检查和专项安全检查活动，落实上级下达的各项反事故技术措施。

负责对本班组的安全工器具进行安全检查和落实周期预防性试验；负责检查变电站内工作场所的工作环境、安全设施、设备工器具的安全状况；对本班组员工正确使用劳动防护用品进行监督检查，对发现的隐患做到及时消除、登记和上报。

支持班组安全员履行职责，对本班组发生的异常、未遂、障碍及事故等不安全事件，要做好记录、及时上报，并保护好现场，组织分析原因，总结教训，落实整改措施。

（三）副班长职责

协助班长工作，负责分管范围的工作，完成班长指定的工作，班长不在时履行班长职责。

（四）专责工程师岗位职责和安全职责

1. 岗位职责

专责工程师是本班组的技术负责人，负责运行技术管理和培训工作，处理现场的技术问题；负责监督检查技术规程和现场运行规程的贯彻落实情况，编写、修改现场运行规程；参加较大停电工作和复杂操作的监护，参加本站的设备验收和技术资料的收集；负责全面掌握并分析设备健康状况，及时提出处理意见，组织班组运行分析、技术分析和事故分析；负责检查督促各项技术资料、记录、图纸的填写、审查、分析和综合管理。

负责检查技术措施的执行情况和新技术、新工艺的推广应用；协助班长做好工作计划安排和生产管理工作；负责编制并组织实施班组培训计划，负责对新员工进行生产知识、安全知识、规程制度的考问和抽测；协助班长做好班组常规培训工作，完成单位布置的各项培训任务；安排好新人员的岗位培训，及时做好各项培训的登记管理并按期总结，向单位培训专责汇报执行情况。

负责汇总、审定本班组员工收集的变电设备状态的运行和检修信息，研究和解决班组在设备状态初评价过程中存在的技术问题，编写初评价意见报告；负责审查班组向生产管理信息系统提供的信息资料及资料管理。

2. 安全职责

协助班长搞好班组安全技术管理和安全技术培训。协助班长制定班组年度安全目标和实现目标的安全技术组织措施。施工作业前，协助班长（工作负责人）查明危险点，落实安全技术措施。参加安全检查，协助班长对查出的问题及时制定落实整改措施；协助班长、安全员对本班组发生的异常、未遂、障碍、事故和其他不安全事件及时开展分析，制定落实改进措施；工作中发生各种不安全异常情况时，迅速处理，避免事故扩大，并及时汇报，同时做好记录，事后认真分析，汇报情况，找出原因，制定措施，吸取经验教训。督促本班员工认真遵守安全规程及有关安全制度。监督班组员工贯彻上级有关安全指示、条例、规程、制度。

（五）安全员职责（兼）

负责对本班组的安全工作进行指导、检查和监督，落实安全综合治理；负责组织班组安全教育培训（包括增强现场急救技能和安全工器具使用技能）；负责规范现场人员的安全行为，有权停止现场违章人员和不听指挥人员的工作，有权向上级安监主管部门提出处理意见和建议；负责操作票、工作票的检查、登记、评价和统计上报；负责组织班组安全活动，并做好录音、视频记录；负责班组安全工器具的送检、领用、维护及建档工作；负责班组员工的安规考试及安全违章情况建档；做好各项安全检查，对查出的问题督促其整改消除；负责参加安全网例会及安全报表的统计上报，协助班长对本班组发生的异常、未遂、障碍、事故和其他不安全事件及时开展分析，制定落实改进措施。

工作中发生各种不安全异常情况时，协助班组员工迅速处理，避免事故扩大，事后认真分析，汇报情况，找出原因，制定防范措施，吸取经验教训；参与本班组设备状态评价工作，提出影响变电设备安全运行的评价意见。

（六）值班长岗位职责和安全职责

1. 岗位职责

值班长是本值的负责人，全面负责当值的各项工作。组织本值接受、执行调度命令，正确迅速地组织倒闸操作和事故处理，并监护执行倒闸操作；审查工作票和操作票，组织或参加验收工作；组织做好设备巡视、日常维护工作，及时发现和汇报设备缺陷，按安全技术规程和标准化要求开展标准化作业，做到文明生产，督促检查本值人员做好各种运行记录，对当值记录进行审查、确认；组织完成交接班工作，参与班组各项基础管理，参加各项技术安全培训，配合班长、专责工程师、安全员做好各项班组管理资料的记录，参加民主管理，对班内工作执行情况提出奖惩意见，参与本班组设备状态信息收集、评价和生产管理信息系统的信息资料归档工作。

2. 安全职责

对本值所管辖设备及其所属人员的安全负责，认真学习并执行上级有关安全生产的规程制度和指示规定；严格执行"两票三制"，正确接受并执行调度命令，认真执行各项规程制度；学习和掌握本岗位所必需的各种安全知识，正确使用安全工器具和劳动保护用品，提高监护水平和保护自身的能力；做好设备巡视检查工作，及时消除所管设备的缺陷，确保设备健康水平和完好率；工作中发生各种不安全异常情况时，迅速处理，避免事故扩大，并及时汇报，同时做好记录，事后认真分析，汇报情况，找出原因，制定措施，吸取经验教训。主动关心周围同志工作安全，督促其遵守安全规程及有关安全制度，及时纠正和制止一切违章行为。

（七）正值岗位职责和安全职责

1. 岗位职责

在值班长的领导下担任与调度之间的操作联系。遇有设备事故、障碍及异常运行等情况时，及时向有关调度、值班长汇报并进行处理，同时做好相关记录；做好设备巡视、日常维护工作，认真填写各种记录，按时抄录各种数据，受理调度（操作）命令，填写或审核操作票，并监护执行标准化操作，受理工作票，并办理工作许可，工作间断、转移和终结手续，填写或审核运行记录；参加当值期间检修工作的现场验收和设备验收，参与班组各项基础管理，参加各项技术安全培训，配合班长、专责工程师、安全员做好各项班组管理资料的记录；积极参加民主管理，对班内工作执行情况提出奖惩意见；积极参加各种团队活动，积极参与本班组设备状态信息收集和评价及生产管理信息系统的信息资料管理工作，完成上级交办的其他任务。

2. 安全职责

对参加当次操作、巡视、维护等作业人员的安全负责，认真学习并执行上级有关安全生产的规程制度和指示规定，认真学习本岗位所管辖范围内的各种安全知识，正确使用安全工器具和劳动保护用品，提高监护水平和自身的保护能力；严格执行"两票三制"，正确接受并执行调度命令，认真执行各项规程制度，认真按照标准化作业程序，进行或监护倒闸操作，认真做好设备巡视检查工作，积极参加各种检查和同各种竞赛活动及每周安全日活动，及时消除所管设备的缺陷，确保设备健康水平；工作中发生各种不安全异常情况时及时汇报，按值班长要求迅速处理，同时做好记录，事后认真分析，汇报情况，找出原因，制定措施，吸取经验教训，主动关心周围同志工作安全，督促他们认真遵守安全规程及有关安全制度，及时纠正和制止一切违章行为。

（八）副值岗位职责和安全职责

1. 副值岗位职责

当值期间接受值班长（正值）领导，协助值班长（正值）搞好本班内的安全管理，运行管理，设备运行维护工作；严格执行"两票三制"，严格执行运行规程和有关的各项规章制度；配合值班长（正值）搞好当值期间设备的巡视检查和运行维护工作；做好负责区域的清洁卫生；熟悉设备运行状况，根据当值值班长（正值）的命令，正确填写电气设备的倒闸操作票；正确执行当值值班长（正值）下达的操作命令，在其监护下进行倒闸操作或处理设备故障；认真填写各种运行记录，发现设备异常及时汇报，协助值班长或正值完成标准化交接班；保管好变电站的工器具、仪表和备品备件；参与班组各项基础管理，参加各项技术安全培训，配合班长、专责工程师、安全员做好各项班组管理资料的记录；积极参加民主管理，对班内工作执行情况提出奖惩意见，积极参加各种团队活动，积极参与本班组设备状态信息收集和评价及生产管理信息系统的信息资料管理工作；完成上级交办的其他任务。

2. 副值安全职责

在值班长和正值的领导下，当值期间对本站所辖设备及自身安全负责；认真学习和贯彻执行《国家电网公司电力安全工作规程（发电厂和变电站电气部分）》及上级有关安全的制度规定；认真学习本岗位所管辖范围内的各种安全知识，严格执行岗位责任制为主的各项规程制度；严格执行操作票制度，正确使用安全工器具和劳动防护用品，提高自身和对他（她）人的安全防护能力；认真做好设备巡回检查工作，积极参加每周安全日活动；发现缺陷及时向班长或监护员汇报，在班长或监护员指导下工作，确保设备安全运行；主动关心周围同志工作的安全，督促他们认真遵守安全规程及有关安全制度，及时纠正和制止一切违章行为。

第二章

变电班组的主要工作流程和工作特点

第一节 主要工作流程

一、交班前准备

值班长检查本值以来的运行工作，各站一次、二次设备运行状况与实际是否符合，检查整理"两票"、各种记录、工具、仪表；监盘人员应用传真机传报日电量；正、副值班员应协助清洁工做好清洁工作。

二、接班前准备

接班人员着装并佩戴岗位标志进行班前分工，由班长领队进入变电站值班室，查阅各有关记录，了解设备运行状况。

三、交代运行情况

交班值班长向接班人员交代本值内变电站一次、二次运行情况；操作、异常和事故处理、发现和消除的设备缺陷情况；检修、试验等工作情况；安全措施；工具、仪表情况；记录簿使用情况；上级指示命令等。

四、现场检查

接班人员按分工对主控室二次设备及工具仪表、220kV 系统和 380V 系统及安全用具、110kV 系统、10kV 系统等进行检查，检查完后向班长汇报，无疑问后办理交接班手续。

五、办理交接班手续

接班人员检查无问题后，双方在值班记录簿上签字，记上交接班时间，接班值班长宣布交班人员下班。

六、常规工作

接班后在值班记录簿上做好检查记录，值班长核对时钟，检查各通信是否畅通，检查调度录音，并录入当日时间，根据站内工作计划和固定工作计划安排日常工作。

七、倒闸操作

由值班长（或当值正班）接受调度命令并录音，向本次操作人员交代操作任务，并听调度命令录音，同时监盘人做好命令记录，由操作人填写操作票，交监护人核对，经值班长审查，得到调度立即执行的命令后，才进行操作，操作完毕监护人向值班长报告，值班长向调度汇报命令执行情况。

八、事故处理

事故发生时，值班员根据调度命令、检查及复归信号，观察仪表变化情况，检查出现的灯光信号及掉牌信号并做好记录，正、副值班员检查设备情况，同时提取故障录波信息，根据信号与设备检查结果，分析事故情况，向调度详细汇报事故情况（必要时向有关上级领导汇报），按调度命令进行事故处理，事故处理过程及进行的倒闸操作项目，按时间顺序做好记录，并填写好事故报表。

九、检修配合

遇有检修工作时，由工作许可人（正值班员）填写工作票的许可人部分，当值其他人员布置现场安全措施，安全措施布置完后，许可人与工作负责人同到现场交代现场安全措施及许可工作。工作进行中，正、副值班员不断检查工作人员执行安全工作情况。工作结束，组织验收，督促检修人员清理打扫工作现场，做好检修记录及缺陷记录，办理工作结束手续，办理工作结束手续后，向调度汇报。

十、工作小结

当值工作结束后，值班长组织全班人员进行工作小结，当值内常规工作情况、执行规程情况、"两票"执行情况、事故处理情况、检修配合情况等，总结经验，吸取教训，提出改进措施。

第二节　变电班组的工作特点

班组是企业的基石，也是企业各项工作的落脚点和具体实践者，企业的发展战略、管理目标、管理思想等各项工作最终要落实到班组，通过班组的现场管理来实现。企业的执行力要在班组中体现，企业的效益要通过班组实现，企业的安全要由班组来保证。变电班组是一个特殊的班组，一是因为变电站采用多值轮班方式，二是变电站工作的多样性，包括后台监盘、设备巡视、设备维护、设备验收、倒闸操作及事故处理等，三是变电站工作的复杂性和高度的精密性，所以变电班组在运行、管理、操作等方面必须严格执行国家电网公司的规定，按照国家电网公司《变电站管理规范》（国家电网生〔2006〕512号）中关于"操作票""工作票""交接班制度""巡回检查制度""设备定期试验轮换制度"的要求，做好运行工作。

一、值班严格、细致

值班人员在当值期间，要尽职尽责，完成当班的运行、维护、倒闸操作和管理工作等。值班期间进行的各项工作，都应填写到相应的专项记录中。监盘、抄表应认真、细心，抄表时间应为整点正负五分钟。当值值班人员应统一着装并佩带工作岗位标志，不得穿高跟鞋，戴非工作帽上班，值班人员当值期间不得佩戴影响安全生产的饰品，任何人员进入变电站必须按规定戴安全帽。操作中不能接打与工作无关的电话。主控室（监控室）应不少于两人值班，在执行倒闸操作、设备维护等任务时，主控室（监控室）应有副值或以上人员监盘。值班人员不应在主控室（监控室）

用餐，应在最近的会议室或休息室轮流用餐，用餐期间主控室（监控室）应不少于一人监盘。值班人员不得关闭报警音响系统，并应保持足够的报警音量。少人值班方式的变电站，除倒闸操作、巡视设备、进行维护工作外，值班人员不得离开主控室。夜间（23时00分～次日7时00分）值班人员应轮流监盘，监盘的当值值班人员不能睡觉，未监盘的当值值班人员可以在休息室睡觉休息。主控室（监控室）不准放置电视机、床（含钢丝床）、沙发等，每值值班员不得少于两人，值班方式和交接班时间变电运行人员不得擅自变更。换班应经站长同意，连续值班时间不应超过24h。

二、交接班认真

交班人员应提前整理好运行方式记录、图板、资料、钥匙、工器具，做好清洁卫生等交班准备工作以及写好交接班记录。严格按值班的时间和现场交接班制度的规定进行交接，接班人员应提前30min进入控制室（监控室），做好接班准备工作。交接双方人员应全部参加，在监控机前列队进行交接，未办完交接手续前，不得擅离职守。交班人员应在交班前做好一系列工作如清洁、清点、检查记录等，还应特别注意交代设备的异常及缺陷等情况。交接班前、后30min内，一般不进行重大操作。在处理事故或倒闸操作时，不得进行交接班。交接班时发生事故，应停止交接班，由交班人员处理，接班人员在交班的值班负责人指挥下协助工作。事故处理和倒闸操作告一段落后（指远方操作隔离故障和一个操作任务结束后），方可交接班。

三、交接班的内容复杂

交接班内容包括：运行方式及负荷分配情况；当班所进行的操作及未完的操作任务、使用中的和已收到的工作票、使用中的接地线号数及装设地点、发现的缺陷和异常运行情况；继电保护、自动装置动作和投退变更情况、保护定值变更情况；本班内进行的设备检修、试验工作情况，本班内进行的设备维护工作情况，本班内安全工器具借用的具体情况，本班内钥匙借用的具体情况；

系统运行情况，微机防误装置运行情况；事故异常处理情况及交代有关事宜；上级指令、指示内容和执行情况；其他部门的临时工作联系等。

四、接班人员检查的内容复杂、细致

检查的内容包括：查阅上次下班到本次接班的值班记录及有关记录、核对运行方式变化情况、核对模拟图板、检查设备情况；了解缺陷及异常情况、负荷潮流分配情况；检查试验中央信号及各种信号灯，检查直流系统绝缘及浮充电流，检查温度表、压力表、油位计等重要表计指示；核对接地线编号和装设地点；检查继电保护和自动装置运行情况及定值情况、核对保护压板的位置、核对监控机显示的运行方式与设备的状态，熟悉系统及设备运行情况；检查监控机运行是否正常，UPS 电源是否正常；检查上一班的操作票及操作情况，检查各种记录、图纸、仪表、工器具、安全用具、钥匙和解锁钥匙等情况；了解设备检修工作、工作票及安全措施设置情况等；接班人员在未清楚之前不得在值班记录簿上签字，交班人员不得下班，并根据当时情况做好事故预想。

五、巡回检查管理严格

单独巡视高压设备的人员巡视高压设备时，不得进行其他工作，不得移开或越过遮栏；雷雨天气，需要巡视室外高压设备时，应穿绝缘靴，并不得靠近避雷器和避雷针；火灾、地震、台风、洪水等灾害发生时，如要对设备进行巡视，应得到设备运行管理单位有关领导批准，巡视人员应与派出部门之间保持通信联络；高压设备发生接地时，室内不得接近故障点 4m 以内，室外不得接近故障点 8m 以内；进入上述范围人员应穿绝缘靴，接触设备的外壳和构架时，应戴绝缘手套。巡视配电装置，进出高压室，应随手关门。值班人员发现异常和缺陷，应记入"设备缺陷记录"。

变电站的设备巡视检查，一般分为正常巡视（含交接班巡视）、熄灯巡视、特殊巡视和全面巡视。220kV 及以上变电站每周应进行熄灯巡视一次，110kV 及以下变电站至少每两周应进行熄灯巡

视一次，内容是检查设备有无电晕、放电、接头有无过热现象。遇有特殊情况，应进行特殊巡视。

六、倒闸操作技术性强

倒闸操作应根据值班调度员或运行值班负责人的指令，受令人复诵无误后执行。发布指令应准确、清晰，使用规范的调度术语和设备双重名称，即设备名称和编号。发令人和受令人应先互报单位和姓名，发布指令的全过程（包括对方复诵指令）和听取指令的报告时双方都要录音并做好记录。操作人员（包括监护人）应了解操作目的和操作顺序。对指令有疑问时应向发令人询问清楚无误后执行。

七、操作票内容填写详尽、细致

倒闸操作由操作人员填用操作票。操作票票面应清楚整洁，不得任意涂改。操作票应填写设备的双重名称，即设备名称和编号。操作人和监护人应根据模拟图或接线图核对所填写的操作项目，并分别手工或电子签名，然后经运行值班负责人（检修人员操作时由工作负责人）审核签名。每张操作票只能填写一个操作任务。操作票应填写的内容非常详尽和细致。如应拉合的设备（断路器等）的位置、验电、装拆接地线；合上（安装）或断开（拆除）控制回路或电压互感器回路的空气断路器、熔断器；切换保护回路和自动化装置及检验是否确无电压等；进行停、送电操作时，在拉、合隔离开关、手车式断路器拉出、推入前，检查断路器（开关）确在分闸位置；在进行倒负荷或解、并列操作前后，检查相关电源运行及负荷分配情况；设备检修后合闸送电前，检查送电范围内接地开关（装置）已拉开，接地线已拆除等操作。

八、倒闸操作要求很高

停电拉闸操作应按照断路器（开关）—负荷侧隔离开关（刀闸）—电源侧隔离开关（刀闸）的顺序依次进行，送电合闸操作应按与上述相反的顺序进行。禁止带负荷拉合隔离开关（刀闸）。

开始操作前，应先在模拟图（或微机防误装置、微机监控装置）上进行核对性模拟预演，无误后，再进行操作。操作前应先核对系统方式、设备名称、编号和位置，操作中应认真执行监护复诵制度（单人操作时也必须高声唱票），宜全过程录音。操作过程中必须按操作票填写的顺序逐项操作。每操作完一步，应检查无误后做一个"√"记号，全部操作完毕后进行复查。监护操作时，操作人在操作过程中不准有任何未经监护人同意的操作行为。操作中发生疑问时，应立即停止操作并向发令人报告。待发令人再行许可后，方可进行操作。不准擅自更改操作票，不准随意解除闭锁装置。解锁工具（钥匙）应封存保管，所有操作人员和检修人员禁止擅自使用解锁工具（钥匙）。若遇特殊情况需解锁操作，应经运行管理部门防误操作装置专责人到现场核实无误并签字后，由运行人员报告当值调度员，方能使用解锁工具（钥匙）。单人操作、检修人员在倒闸操作过程中禁止解锁。如需解锁，应待增派运行人员到现场，履行上述手续后处理。解锁工具（钥匙）使用后应及时封存。

用绝缘棒拉合隔离开关（刀闸）、高压熔断器或经传动机构拉合断路器（开关）和隔离开关（刀闸），均应戴绝缘手套。雨天操作室外高压设备时，绝缘棒应有防雨罩，还应穿绝缘靴。接地网电阻不符合要求的，晴天也应穿绝缘靴。雷电时，一般不进行倒闸操作，禁止在就地进行倒闸操作。

装卸高压熔断器，应戴护目眼镜和绝缘手套，必要时使用绝缘夹钳，并站在绝缘垫或绝缘台上。断路器（开关）遮断容量应满足电网要求。如遮断容量不够，应将操动机构（操作机构）用墙或金属板与该断路器（开关）隔开，应进行远方操作，重合闸装置应停用。电气设备停电后（包括事故停电），在未拉开有关隔离开关（刀闸）和做好安全措施前，不得触及设备或进入遮栏，以防突然来电。

手动切除交流滤波器（并联电容器）前，应检查系统有足够的备用数量，保证满足当前输送功率无功需求。对大型或复杂的倒闸操作，班组站长应适当调配人员或合并运行班次，合理安排运行经验丰富、技能水平高的运行人员进行操作，并应增派适当的运行人员进行协助操作。

九、设备维护次数频繁，项目复杂

变电站设备除按有关专业规程的规定由试验检修人员进行试验和检修外，运行人员还应进行下列维护工作：每次全面巡视时应检查、维护变电站的二次接线、端子箱、保护屏、控制屏等；每月应检查安全工器具及仪器、仪表（含电度表）一次，并及时送检；每季应对设备导流接头进行红外测温，并记入"变电站测温记录簿"；免维蓄电池应每月进行检查、清扫、维护；铅酸蓄电池应每月进行一次电压、比重测量；镉镍蓄电池还应清理表面积盐，观测液面高度，补加电解液；每季应检查、维护变电站照明系统（包括交、直流熔断器）一次；每季应检查、维护变电站消防系统（包括消防栓、沙坑等）一次；每季应检查、维护变电站通风、制冷、防潮设备一次；每季应检查防小动物设施和孔洞封堵一次；每季应检查、整理补充变电站各种备品、备件一次；每半年应加油维护变电站刀闸等操作转动部位一次；每半年应检查变电站各种锁具并加油维护一次；每半年应检查、更新设备标志一次；每年应检查变电站锈蚀情况一次。上述定期维护工作均应记入定期维护记录簿。

十、信息资料更新及时

运行班组在生产管理系统中填报设备投运前资料、巡检资料和其他相关资料信息，并在设备异动后按运行管理要求及时对资料进行更新。发现设备异常信息和缺陷信息应及时报送相关部门并填报生产管理系统，根据相关部门处理意见实施运行监督。运行班组对设备基本运行情况、异动情况、异常情况、设备缺陷、事故等信息应在生产管理系统中及时更新，每月整理汇总一次。

十一、设备评价及时、准确

运行班组应通过收集的各种状态信息对变电设备状态进行综

合分析，填写设备运行状态评价初评表，以初评表为基础，编制变电设备状态评价汇总表，及时报车间生产技术部门审核，为检修单位编制初评报告提供依据。

十二、状态检修培训严格

从事状态检修工作的人员每年状态检修培训时间不得少于10学时。未经培训或经培训考核不合格者，不得从事状态检修工作。班组开展状态检修培训应该具有掌握状态检测和故障分析的手段，综合评价设备健康状态的能力，根据设备状态制订检修计划和检修方案的能力，丰富的检修经验、技术以及实际操作的能力，对状态信息的收集、分类以及整理的能力。

十三、防盗窃管理严格

变电站围墙的高度不低于 2.2m，市区变电站因特殊规定不设围墙的，必须制定有效的防护措施；变电站应设门卫室，生活设施不得与运行人员混用；变电站的大门正常应锁上；外来人员进入变电站，应持本局工作票、工作证或有关执法证件，经变电站门卫核实后，在"变电站进出登记表"上做好登记方可进入；装有防盗报警系统的变电站变电运行人员应每月定期检查、试验报警装置的完好性，并应在"设备定期试验轮换记录簿"上做好记录，对存在的故障应及时汇报；在巡视设备时，应兼顾安全保卫设施的巡视，每隔 3h 对变电站大门、围墙、重要设备周围及其他要害部位进行巡视，发现问题及时采取措施处理并汇报当值值班员。变电站围墙不得随便拆除，因工作需要确需拆除的，应制定出有效的防盗措施报保卫部门批准后方可拆改。

第三章

进入变电站作业的安全要求

第一节　进入变电站的着装要求

一、总体着装要求

员工进入生产现场前，总的着装要求是：符合规定，整齐精干。

安全帽要头上戴，长发辫子不露外，身穿长袖工作服，脚上禁穿凉、拖鞋等。

二、进入生产现场的着装要求

（1）严谨不戴安全帽的人员进入生产现场，过去曾多次发生过因不戴安全帽使头部被砸伤或碰伤甚至造成死亡的事故，必须要求新员工从第一次进入生产现场开始，就养成戴安全帽的好习惯。

（2）严禁穿着尼龙、化纤类服装，包括内衣、内裤进入生产现场。因为这类衣料，遇见明火极易燃烧，并容易粘贴在皮肤上，造成二次严重烧伤，有的事故中，外面的工作服未烧着，尼龙、化纤类内衣却着火造成严重烧伤。

（3）禁止戴围巾、穿风衣、大衣进入生产现场，女职工还应禁止穿裙子。因生产现场转动、移动机械设备多，容易将围巾、风衣、大衣、裙子绞住，造成人员伤害。

（4）员工进入生产现场禁止穿拖鞋、凉鞋，女职工禁止穿高跟鞋。由于电力生产现场设备多，地势复杂，有的地方高低不平，有的地方又很滑，一不小心就可能跌跤，或地面上的杂物可能将脚趾、脚面擦碰伤等。

（5）女职工的辫子、长发必须盘在工作帽内。这是为了防止某些转动的机械将辫子、长发绞住，造成人员伤害。

三、特殊作业人员的着装要求

特殊作业人员除了上述着装要求外，还应穿戴相应的防护服装

（1）等电位作业人员，还应在衣服外面穿合格的全套屏蔽服（包括帽、衣裤、手套、袜和鞋，750kV 及以上等电位作业人员还应戴面罩），且各部分应连接良好。屏蔽服内还应穿着阻燃内衣等。

（2）带电设备作业人员，还应穿着合格的绝缘防护用具（如绝缘套管、绝缘服、绝缘披肩、绝缘袖套、绝缘手套、绝缘鞋等）；使用的安全带、安全帽应有良好的绝缘性能，必要时戴护目镜。使用前应对绝缘防护用具进行外观检查。作业过程中禁止取下绝缘防护用具。在感应电场所作业时，还应穿静电感应防护服、导电鞋等。

（3）带电水冲洗操作人员应戴绝缘手套、防水安全帽，穿绝缘靴、全身式雨衣。带电清扫作业人员还应戴口罩、护目镜等。

（4）在六氟化硫电气设备上工作时，还应佩戴隔离式防毒面具等。

第二节　进入变电站作业的纪律要求

进入变电站作业要听从指挥，遵守纪律是保证新员工进入生产现场后不引发人身、设备事故的关键。也就是说，新员工进入生产现场，必须遵守有关的现场纪律，听从监护人的指挥，以保证人身及设备安全。进入现场要安全，专人带领是关键，精力集中不走神，遵守纪律不乱窜。新进员工进入生产现场纪律要求如下：

（1）新员工必须在熟悉生产现场安全注意事项的专人带领监护下，方可进入生产现场。这是因为一方面新员工对电力生产现场的设备系统不了解，特别是对每个地方的安全注意事项不清楚，若让其随意进入，则可能由于不懂、好奇而误碰、误动设备造成电力设备停运、停机或停电等，并且有可能造成人身伤害事故；另一方面，若带领新员工进入生产现场的人员，不熟悉生产现场的安全事项，他连自身的安全都无法保证，进入生产现场怎么能保证新员工的安全呢，因此，必须强调新员工在熟悉生产现场安全注意事项的专人带领下，方可进入生产现场。

（2）新员工进入生产现场前，不得饮酒，防止酒后自我控制能力下降，在进入生产现场后行为失控，发生意外事故。

（3）进入生产现场，要听从指挥，遵守纪律，不准随意走动，不得擅自离队，不准吸烟，不准聊天、嬉笑，或对外打电话等做与工作无关的事情。在生产现场行走要小心，以防滑倒跌伤。不准指手画脚，乱动、乱摸设备，否则可能造成人身伤害或设备事故。

第三节　进入变电站一次设备区的安全要求

变电站中的一次设备包括主变压器、断路器、隔离开关、母线、互感器、电抗器、补偿电容器、避雷器以及进出变电站的输配电线路等，大都承受高电压，故多属高压电器或设备，是电网整个发电、输电、变电、配电环节设备中的重要一部分，其安全可靠的运行状态直接关系电网的安全性、可靠性、稳定性及抵抗事故的能力。由于一次设备直接参与电网电能的输送过程，因此，当其发生故障后，可以会对变电站的上一级或下一级的供电产生影响，严重时可能引发重大事故。所以，进入变电站一次设备区作业时，应注意以下安全要求。

一、注意力高度集中

作业人员应熟悉并注意高压设备，严防靠近与接触，与电力线、变压器等电力设备保持一定安全距离，所用工具与材料不得触及电力线和电力设备。作业应符合安全要求，操作必须规范，时刻注意作业现场存在的危险因素，做好防范措施及事故紧急处理措施，作业时注意力应高度集中。

二、规范作业

操作人员必须持证上岗，禁止无证人员操作，作业现场的生产条件和安全设施等应符合有关标准、规范的要求，现场使用的安全工器具应合格并符合有关要求。操作符合《国家电网公司电力安全工作规程（发电厂和变电站电气部分)》，严格执行"两票"，明确工作内容、工作流程、安全措施、工作中的危险点，并履行确认手续，严格遵守安全规章制度、技术规程和劳动纪律，正确使用安全工器具和劳动保护用品，严禁在高压线附近抛丢材料、工具及废弃物等。

若检修电力变压器及其控制装置，应填写作业票，并做好下列安全措施：

（1）室内变压器应先断开低压侧的负荷，再断开高压侧的电源，并将高压柜的出口及低压总柜的进口处，三相短路并挂接地线。如是小车柜，则应将小车拉出，关门上锁。高压侧及低压侧的合闸手柄或控制盘上合闸转换开关的手柄上悬挂"禁止合闸，有人工作!"的标示牌。

（2）变压器检修作业，必须严格执行保证安全的组织措施和技术措施，无论线路是否停电，变压器的操作均以带电论。

（3）在变压器顶盖上作业时必须穿软底鞋，工具的传递必须手对手，且轻拿轻放。

（4）变压器吊芯时，起重设备及吊具应满足吊重的需要，并检查吊芯且把工器具及材料准备齐全，并有足够大的场地。吊芯应按起重安全规程讲行，并保证不触及套管、储油柜、线圈等部分，并由起重工配合。吊芯作业的场地不能满足需要，必须全部停电进行。吊芯时，刚吊起 30～50mm 时，应停止起吊，先给予一定外加的冲击力，对吊具进行试验，无故障时，再继续起吊。起吊过程中以及没有用干净枕木或槽钢将芯子支持在油箱上时，严禁在芯子底部探头观察和扶、摸等。

（5）变压器检修作业完毕必须经试验合格才能投入运行。组装变压器时，不允许将手指伸入到法兰的螺孔内。

三、悬挂各种警示标志并设置围栏

在室外高压设备上进行检修工作、预试及室外扩建、改建施工时，在工作地点四周装设全封闭遮拦网围栏，其出入口要围至临近道路旁边，并设置"从此进出"标示牌。围栏上悬挂适当数量的"止步，高压危险！"标示牌。若室外设备装置的大部分设备停电，只有个别地点保留有带电设备而其他设备不可能触及带电导体时，应在带电设备四周装设全封闭遮拦网围栏，围栏上悬挂适当数量的"止步，高压危险！"标示牌，严禁工作人员擅自移动或拆除遮栏（围栏）、标示牌。停电后的变压器与周围带电部分的距离不能满足检修作业时，必须设置遮栏，并有监护人监护做试验时，周围严禁有人，地面应设围栏，并悬挂"止步，高压危险"的标示牌，并派专人监护。

四、与设备保持一定安全距离

变压器等设备正常运行时，所带电压常常是几千伏、几万伏甚至是几十万伏。与人体距离较近时，所带的高电压，有可能击穿它们与人体之间的空气，于是发生通过人体产生的放电现象，所以在变电站一次设备区作业时，必须与电气设备保持足够的安全距离，尤其是周围环境空气湿度较大时，更应注意这一点。

五、注意防火防爆

一次设备区变压器、继电器、电容器等，含油较多，且容易发生漏油，其蒸气与空气混合形成爆炸性气体，遇明火可以发生爆炸，变压器的其他绝缘材料，如电缆纸、漆布、木材等均为易燃和可燃物质。在过电压冲击、局部绝缘受伤或者变压器进水受潮时，都会引起绝缘击穿，造成短路，产生电弧，并可能发生燃烧着火事故。所以，作业现场不得放置易燃物品，应有妥善的安全防火措施并应准备足够的消防器材。

第四节　进入电缆室作业的安全要求

变电站电缆室的特点：电缆条数众多，管线复杂，电缆名称繁杂，电缆走向多变，加之各种电缆支架的存在，空间相对狭小，导致对电缆的识别和操作相对较难。所以进入电缆室作业时，应注意以下安全要求：

一、基本要求

进入电缆室工作前，应经当值运行人员许可，应详细核对电缆名称、标志牌与工作票所写的是否相符，安全措施正确是否可靠，电力电缆设备的标志牌要与电网系统图、电缆走向图和电缆资料的名称一致，才可以工作。

二、安全措施

（1）对供电设备的各类保护进行检查，确保电气设备保护灵敏可靠，防止触电。作业人员要佩戴好各种绝缘装备及防护用品。作业过程中，要有作业负责人全程监管负责，作业人员要小心、仔细，移动过程中，尽量不要攀扶电缆，严格按安全规程操作。作业完毕后，应立即离开电缆室，并将门锁好，钥匙派专人严格保管，使用时要登记。

（2）敷设电缆时，应有专人统一指挥。电缆走动时严禁用手搬动滑轮，以防压伤。移动电缆接头盒一般应停电进行，如带电移动时，应先调查该电缆的历史记录，由敷设电缆有经验的人员，在专人统一指挥下，平正移动，防止绝缘损伤爆炸。电缆搬运时应缠在盘上运输，人力推动时应顺电缆圈匝缠紧的方向或盘上标明的箭头方向滚动，否则会造成松散、缠绞；电缆通过孔洞或楼板时，两侧应设监护人，入口处应防止电缆被卡或手被带入孔中；电缆敷设时，任何时候必须保证电缆的弯曲半径在允许范围内；

拐弯处的施工人员应站在电缆外侧，临时打开的隧道孔应设遮栏或警告标志，完工后应立即封闭；不得攀援电缆，防止触电。

电缆头制作时严格按照电缆头附件产品使用说明书进行，在作业过程中，操作人员应戴防护镜、手套等，做完电缆头时，应及时灭火，清除杂物，以防发生火灾；高处加灌电缆胶时，下面不准站人，作业人员应戴防护眼镜。加热电缆胶或熔铅时，应戴口罩、手套及鞋盖。

锯断废旧电缆时，必须停电、放电、验电，然后将电缆芯接地，并办理工作许可手续。同时应与电缆走向图纸核对相符，并使用专用仪器（如感应法）确切证实电缆无电后，用接地的带绝缘柄的铁钎钉入电缆芯后，方可工作。

使用携带型火炉或喷灯时，火焰与带电部分的距离：电压在10kV及以下者，不得小于1.5m；电压在10kV以上者，不得小于3m。不得在带电导线、带电设备、变压器、油断路器（开关）附近以及在电缆夹层点火；电缆施工完成后应将穿越过的孔洞进行封堵，以达到防水或防火和防小动物的要求。

（3）进入电缆井（隧道）的安全要求。

1）进入运行电缆井（隧道）内作业前，应办理电气线路工作票和作业票，开启电缆井井盖及电缆隧道孔盖时应使用专用工具，以免滑脱后伤人或掉落井内损伤运行电缆，开启后的井盖应与孔口保持安全距离，不得竖立。

2）开启后的电缆井应有防护栏、锥筒、警示牌、警示灯等安全措施，专职安全员现场监护。首先必须进行通风，检测有无易燃、易爆及有毒有害气体，并做好记录后，方可进入电缆井内作业。井内有积水时，应先排除积水，清除杂物，方可进入电缆井内作业。

3）作业人员进入电缆井前，应戴好安全帽，不准将易燃、易爆品带入电缆井；上、下电缆井必须使用梯子，严禁蹬踩电缆或支架、托板，严禁从电缆井口跳下。

4）在电缆井内作业，严禁采取抛掷方式递送材料、工具。严禁吸烟，严禁使用喷灯。电焊作业时，应提前办理动火作业票，并有效落实消防措施。作业完毕后，应检查井内有无遗留工具、材料及杂物，然后盖好电缆井盖，最后撤除安全防护措施。

（4）电缆操作时的注意事项。

1）电缆连接处连接螺栓应连接紧，连接时注意不要将电缆的连接相色连接错。

2）连接时注意两端标识应该完全一致；电缆走线时，相互间建议平行放置，禁止交叉扭在一起；电缆的扭曲半径应大于相应的电缆的曲率半径。

3）禁止损伤电缆，不要用力过大拖电缆，那样可能会导致电缆损坏或将电缆与插件连接处脱落，禁止带电插拔插件等。

第五节 在六氟化硫（SF_6）电气设备上工作的安全要求

装有 SF_6 设备的配电装置和 SF_6 气体实验室，应装设强力通风装置，风口应设置在室内底部，排风口不应朝向居民住宅或行人；在室内，设备充装 SF_6 气体时，周围环境相对湿度应不大于80%，同时应开启通风系统，并避免 SF_6 气体泄露到工作区。工作区空气中 SF_6 气体含量不得超过 $1000\mu L/L$（即 1000ppm）；主控制室与 SF_6 配电装置室间要采取气密性隔离措施。SF_6 配电装置室与其下方电缆层、电缆隧道相通的孔洞都应封堵。SF_6 配电装置室及下方电缆层隧道的门上，应设置"注意通风"的标志；SF_6 配电装置室、电缆层（隧道）的排风机电源开关应设置在门外；在 SF_6 配电装置室低位区应安装能报警的氧量仪和 SF_6 气体泄漏报警仪，在工作人员入口处应装设显示器。上述仪器应定期检验，保证完好；工作人员进入 SF_6 配电装置室，入口处若无 SF_6 气体含量显示器，应先通风 15min，并用检漏仪测量 SF_6 气体含量合格。尽量避免一人进入 SF$_6$ 配电装置室进行巡视，不准一人进入从事检修工作；工作人员不准在 SF$_6$ 设备防爆膜附近停留。若在巡视中发现异常情况，应立即报告，查明原因，采取有效措施进行处理；进入 SF$_6$ 配电装置地位区域或电缆沟进行工作应先检测含氧量（不低于 18%）和 SF$_6$ 气体含量是否合格；在打开的 SF$_6$ 电气设备上工作的人员，应经专门的安全技术知识培训，配置和使用必要的安全防护用具；设备解体检修前，应对 SF$_6$ 气体进行检验。根据有毒气体的含量，采取安全防护措施。检修人员需穿着防护服并根据需要佩戴防护面具或正压式空气呼吸器。打开设备封盖后，现场所有人员应暂离现场 30min。取出吸附剂和清除粉尘时，检修人员应戴防毒面具或正压式空气呼吸器和防护手套；设备内的 SF$_6$ 气体不准向大气排放，应采取净化装置回收，经处理检测合格后方准再使用。回收时作业人员应站在上风侧；SF$_6$ 配电装置发生大量泄漏等紧急情况时，人员应迅速撤出现场，开启所有排风机进行排风。未佩戴防毒面具或正压式空气呼吸器人员禁止入内。只有经过充分的自然排风或强制排风，并用检漏仪测量 SF$_6$ 气体合格，用仪器检测含氧量（不低于 18%）合格后，人员才准进入。发生设备防爆膜破裂时，应停电处理，并用汽油或丙酮擦拭干净；进行气体采样和处理一般渗漏时，要戴防毒面具或正压式空气呼吸器并进行通风；SF$_6$ 断路器（开关）进行操作时，禁止检修人员在其外壳上进行工作；检修结束后，检修人员应洗澡，把用过的工器具、防护用具清洗干净；SF$_6$ 气瓶应放置在阴凉干燥、通风良好、敞开的专门场所，直立保存，并应远离热源和油污的地方，防潮、防阳光暴晒，并不得有水分或油污粘在阀门上。搬运时，应轻装轻卸。

第六节　进入配电室、变电站的安全要求

（1）新员工进入配电室要随手关门，防止小动物如老鼠等窜

入配电室，爬到带电设备上造成设备接地或短路事故。

（2）高压配电室安装有母线、隔离开关、高压断路器等设备，这些设备都是带电设备，并且有些带电导线裸露在外面，它们电压都很高，人体与它们之间距离小于一定安全距离时，就会被高压电击伤。例如，10kV 高压电气设备安全距离是 0.7m，110kV 高压设备的安全距离是 1.5m。因此，在这些地方不仅不准直接触摸外，也不能指手画脚，以防超出安全距离被高压电击伤。

（3）在所有运行或备用的高压开关室的间隔上，均挂有"止步！高压危险"警告牌，这些开关间隔内设备都带有高电压，任何人均不可进入，也不准将悬挂的警告牌去掉，以免使别人误认为该间隔不带电，进入后造成人身伤害。例如，某电厂曾有一名未经入场安全教育的职工，在进入高压配电室放电缆工作中，手误伸入高压开关柜后门内，触电死亡。这种血的教训一定要吸取。

（4）新员工进入室外变电站后，要行走在通道上，不准乱跑、乱跳，也不要在母线设备下面或高压开关、互感器、避雷器等设备附近较长时间逗留，以防发生意外。例如，1987 年 10 月 2 日，某电厂升压变电站，由于母线绝缘套管突然爆炸，碎块将正在附近巡视的工作人员炸伤。

（5）室外变电站有许多架构，是用来装设高压母线的，新员工不准攀登，以防摔跌和触电。

（6）主变压器是变电站的主要设备，它设有专用攀登梯子，供检修人员在停电作业时使用，平时梯子上挂有"高压危险，禁止攀登"的警告牌，任何人员不可移开或攀登。

（7）为防止雷击电气设备，室外变电站均设有避雷针，切不可攀登。雷雨天时，不准在其周围停留。

（8）新员工在生产现场遇到突然发生事故时，应迅速在专人带领下撤离现场，以防影响值班人员处理事故或威胁自身安全。

第四章

变电站主要工作项目的安全要求

第一节　变电站倒闸操作

一、倒闸操作的定义

通过操作隔离开关、断路器以及挂、拆接地线将电气设备从一种状态转换为另一种状态或使系统改变运行方式的操作叫倒闸操作。倒闸操作必须执行操作票制和工作监护制。

二、倒闸操作的基本要求

倒闸操作应根据值班调度员或运行值班负责人的指令，受令人复诵无误后执行。发布指令应准确、清晰，使用规范的调度术语和设备双重名称，即设备名称和编号。发令人和受令人应先互报单位和姓名，发布指令的全过程（包括对方复诵指令）和听取指令的报告时双方都要录音并做好记录。操作人员（包括监护人）应了解操作目的和操作顺序。对指令有疑问时应向发令人询问清楚无误后执行。

三、倒闸操作原则

停电拉闸操作必须按照断路器→负荷侧隔离开关→电源侧隔离开关（刀闸）的顺序依次操作。送电合闸操作应按上述相反的顺序进行。严防带负荷拉合隔离开关（刀闸）。

四、倒闸操作的分类

倒闸操作可分为三类，即监护操作、单人操作、检修人员操作。

（一）监护操作

监护操作是指由两人进行同一项的操作。监护操作时，其中一人对设备较为熟悉者做监护。特别重要和复杂的倒闸操作，由熟练的运行人员操作，运行值班负责人监护。

（二）单人操作

单人操作是指由一人完成的操作。单人值班的变电站操作时，运行人员根据发令人用电话传达的操作指令填用操作票，复诵无误；实行单人操作的设备、项目及运行人员需经设备运行管理单位批准，人员应通过专项考核。

（三）检修人员操作

检修人员操作是指由检修人员完成的操作。经设备运行管理单位考试合格、批准的本企业的检修人员，可进行220kV及以下的电气设备由热备用至检修或由检修至热备用的监护操作，监护人应是同一单位的检修人员或设备运行人员；检修人员进行操作的接、发令程序及安全要求应由设备运行管理单位总工程师（技术负责人）审定，并报相关部门和调度机构备案。

倒闸操作由操作人员填用操作票（见B.3）。操作票应用钢笔或圆珠笔逐项填写。用计算机开出的操作票应与手写格式一致；操作票票面应清楚整洁，不得任意涂改。操作人和监护人应根据模拟图或接线图核对所填写的操作项目，并分别签名，然后经运行值班负责人（检修人员操作时由工作负责人）审核签名。每张操作票只能填写一个操作任务，操作票应填写设备的双重名称。

1. 操作票应填写的项目

（1）应拉合的设备断路器（开关）、隔离开关（刀闸）、接地开关等，验电，装拆接地线，安装或拆除控制回路或电压互感器回路的熔断器，切换保护回路和自动化装置及检验是否确无电压等。

（2）拉合设备断路器（开关）、隔离开关（刀闸）、接地开关等后检查设备的位置。

（3）进行停、送电操作时，在拉、合隔离开关（刀闸），手车式断路器拉出、推入前，检查断路器（开关）确在分闸位置。

（4）在进行倒负荷或解、并列操作前后，检查相关电源运行及负荷分配情况。

（5）设备检修后合闸送电前，检查送电范围内接地开关已拉开，接地线已拆除。

（6）高压直流输电系统启停、功率变化及状态转换、控制方式改变、主控站转换、控制、保护系统投退，换流变压器冷却器切换及分接头手动调节。

（7）阀冷却、阀厅消防和空调系统的投退、方式变化等操作。

（8）直流输电控制系统对断路器进行的锁定操作。

五、倒闸操作的基本条件

（1）操作人员和监护人员应经过严格培训考核，有合格的"电工进网作业许可证"。操作人和监护人应经培训考试合格，内容包括电力安全工作规程、调度规程和现场运行规程等。操作人员是指经上级部门批准并公布的值长、正值、副值。两人进行监护操作时，由其中一人对设备较为熟悉者做监护。副值不得担任操作监护人。特别重要和复杂的倒闸操作宜由正值操作，值长监护。跟班实习运行值班人员（指经过现场规程制度学习和现场见习后，已具备一定运行值班素质的新人员）经上级部门批准后，允许在操作人、监护人双重监护下进行简单的操作。

（2）要有与现场设备实际接线相一致的一次系统模拟图、继电保护回路展开图和整定值揭示图（整定单）及其他相关的二次接线图。

（3）要有正确的调度命令和合格的操作票。操作中要使用统一的调度术语。

（4）现场一、二次设备要有明显的标志，包括命名和编号等。

（5）要有合格的操作工具、安全用具和设施（如放置接地线、安全工具、用具的装置）。

六、倒闸操作的基本要求

（1）停电拉闸操作应按照断路器（开关）—负荷侧隔离开关（刀闸）—电源侧隔离开关（刀闸）的顺序依次进行，送电合闸操作应按与上述相反的顺序进行。严禁带负荷拉合隔离开关（刀闸）。

（2）开始操作前，应先在模拟图（或微机防误装置、微机监控装置）上进行核对性模拟预演，无误后，再进行操作。操作前应先核对设备名称、编号和位置，操作中应认真执行监护复诵制度（单人操作时也应高声唱票），宜全过程录音。操作过程中应按操作票填写的顺序逐项操作。每操作完一步，应检查无误后做一个"√"记号，全部操作完毕后进行复查。

（3）监护操作时，操作人在操作过程中不得有任何未经监护人同意的操作行为。

（4）操作中发生疑问时，应立即停止操作并向发令人报告。待发令人再行许可后，方可进行操作。不准擅自更改操作票，不准随意解除闭锁装置。解锁工具（钥匙）应封存保管，所有操作人员和检修人员严禁擅自使用解锁工具（钥匙）。若遇特殊情况，应经值班调度员、值长或站长批准，方能使用解锁工具（钥匙）。单人操作、检修人员在倒闸操作过程中严禁解锁。如需解锁，应待增派运行人员到现场后，履行批准手续后处理。解锁工具（钥匙）使用后应及时封存。

（5）用绝缘棒拉合隔离开关（刀闸）或经传动机构拉合断路器（开关）和隔离开关（刀闸），均应戴绝缘手套。雨天操作室外高压设备时，绝缘棒应有防雨罩，还应穿绝缘靴。接地网电阻不符合要求的，晴天也应穿绝缘靴。雷电时，一般不进行倒闸操作，禁止在就地进行倒闸操作。

（6）装卸高压熔断器，应戴护目眼镜和绝缘手套，必要时使用绝缘夹钳，并站在绝缘垫或绝缘台上。

（7）断路器（开关）遮断容量应满足电网要求。如遮断容量不够，应将操动机构（操作机构）用墙或金属板与该断路器（开关）隔开，应进行远方操作，重合闸装置应停用。

（8）电气设备停电后（包括事故停电），在未拉开有关隔离开关（刀闸）和做好安全措施前，不得触及设备或进入遮栏，以防突然来电。单人操作时不得进行登高或登杆操作。

（9）电气设备操作后的位置检查应以设备实际位置为准，无法看到实际位置时，可通过设备机械位置指示、电气指示、仪表及各种遥测、遥信信号的变化，且至少应有两个及以上指示已同时发生对应变化，才能确认该设备已操作到位。

（10）在发生人身触电事故时，为了抢救触电人，可以不经许可，即行断开有关设备的电源，但事后应立即报告调度和上级部门。

七、倒闸操作的基本步骤

（1）模拟操作。先在一次系统模拟图上模拟操作，模拟操作完毕后，应检查操作票上所列项目的操作是否正确。如有问题可及时提出，但不得擅自更改操作票。

（2）准备工作。由操作人员准备好必要的合格操作工具和安全用具。

（3）站正位置。操作人员按操作项目，有顺序的走到应操作的设备前立正，等候监护人唱票。

（4）核对设备。监护人按操作项目对操作设备名称、设备编号，核对结果应与操作票全部符合。

（5）高声唱票。监护人高声读应操作项目的全部内容，要求口齿清楚，声音洪亮。

（6）高声复诵。操作人应手指被操作的设备，高声复诵一遍操作项目的内容，要求口齿清楚，声音洪亮。

（7）允许操作。监护人听操作人对操作内容复诵，认为一切无误后，便发布"对，执行！"的命令。

（8）执行操作。操作人员在听到"对，执行！"的命令后，立即进行果断操作。

（9）检查设备。每一项操作结束后，操作人和监护人一起应认真检查被操作的设备状态，被操作的设备状态应与操作项目的要求相符合，并处于良好状态。

（10）逐项勾票。每一个操作项目执行完毕后，监护人应用红笔将该项目打"√"勾销，然后准备进行下一项操作。

（11）查清疑问。操作中发生疑问时，应立即停止操作并向值班调度员或值班员报告，弄清问题后，再进行操作。不准擅自更改操作票，不准随意解除闭锁装置。

（12）记录时间。操作票操作完毕后，监护人应记录操作的起止时间。

（13）签名盖章。操作票操作完毕后，监护人和操作人应在操作票的相应栏目内各自签名，并在操作票上加盖"已执行"的图章。

（14）汇报制度。操作票操作完毕后，监护人应向发令人报告操作任务的执行时间和执行情况。

第二节　变电站事故处理

一、变电站事故处理的主要任务

发生事故后应立即与值班调度员联系，报告事故情况；尽快限制事故的发展，脱离故障设备，解除对人身和设备的威胁；尽一切可能保证良好设备继续运行，确保对用户的连续供电；对停电的设备和中断供电的用户，要采取措施尽快恢复供电。

二、变电站事故处理的安全要求

（1）在事故处理中允许值班员不经联系自行处理的项目有：将直接威胁人身安全的设备停电；将已损坏设备从系统中隔离；根据运行规程采取保护运行设备措施；拉开已消失电压的母线所连接的断路器；恢复站用电。

（2）处理故障电容器时应注意的安全事项有：在处理故障电容器前，应先拉开断路器及断路器两侧的隔离开关，然后验电、装设接地线。由于故障电容器可能发生引线接触不良、内部断线或熔丝熔断等，因此有一部分电荷有可能未放出来，所以在接触故障电容器前，还应戴上绝缘手套，用短路线将故障电容器的两极短接并接地，方可动手拆卸。对双星形接线电容器组的中性线及多个电容器的串联线，还应单独放电。

（3）事故发生后，值班人员应做好以下工作准备：

1）事故发生后值班人员应迅速进行事故处理，无关人员自觉撤离控制室及事故现场。

2）优先考虑恢复运行中主变压器强油风冷电源、通信电源和稳压直流电源。

3）迅速查明事故原因，对事故发生时的现象，如表计、声响，继电保护和自动装置的动作情况，断路器动作，停电范围等必须迅速正确地了解清楚，尤其是对设备及人身安全有威胁者应首先处理事后汇报。

4）值班人员应把继电保护、自动装置及断路器动作情况、停电范围及事故的主要现象迅速正确地向调度汇报，然后对故障设备进行全面检查并做必要的补充汇报，在不影响处理的前提下尽快向运行维护单位汇报。

5）在处理过程中应全部进行录音，对一切操作以口头命令发布，但必须严格执行发令、复诵和汇报制度。

6）对于设备的异常和危险情况和设备能否坚持运行，应否停电处理等应及时汇报调度员，并对提出的要求负责，同时应汇报工段（区）。

7）事故处理时不得进行交接班，接班人员应协助当班处理。

（4）事故处理中以下情况可以强送电：备用电源自投装置投入的设备，跳闸后备用电源未投入者；误碰、误拉及无任何故障现象而跳闸的断路器，并确知对人身设备无安全威胁者；投入自

动重合闸装置的线路跳闸后而未重合者（但联络线或因母线保护动作跳闸除外），指区外故障。事故处理中以下情况可以试送电：必须征得当值调度同意经外部检查设备无明显故障点；保护装置动作跳闸但无任何事故现象，判断为该保护误动作，则可不经检查退出误动保护进行试送电（但设备不得无保护试送电）；后备保护动作跳闸，外部故障已切除可经外部检查后试送电。

（5）事故处理中强送电和试送电时应注意以下事项：

1）强送和试送电原则上只允许进行一次，对投入重合闸的线路必须先退出重合闸才可合闸。

2）带有并网线路或小发电设备的线路禁止进行强、试送电，若必须送电时，应按调度命令执行。

3）如有条件在送电前将继电保护的动作时限改小。在强送和试送电时应注意观察表计反应，如空线路、空母线有电流冲击或负荷线路，变压器有较大的电流冲击，又伴有电压大量下降时应立即拉开断路器。

（6）下列情况下不允许调节变压器有载调压开关：

1）变压器过负荷运行时（特殊情况除外）；

2）有载调压装置的轻瓦斯动作报警时；

3）有载调压装置的油耐压不合格或油标中无油时，调压次数超过规定时；

4）调压装置发生异常时。

（7）查找直流接地时应注意下列事项：

1）发生直流接地时，禁止在二次回路上工作；

2）查找和处理必须由两人进行；

3）处理时不得造成直流短路和另一点接地；

4）禁止使用灯泡查找，闲仪表查找时，应用高内阻仪表；

5）拉路前应采取必要措施，防止直流电源消失可能引起的保护及自动装置误动。

（8）在下列情况下需要将运行中的变压器差动保护停用：

1）差动二次回路及电流互感器回路有变动或进行校验时；

2）继电保护人员测定差动保护相量图及差压时，差动电流互感器一相断线或回路开路时；

3）差动保护误动跳闸后或回路出现明显异常时。

（9）电容器发生下列情况时应立即退出运行：

1）套管闪络或严重放电；

2）接头过热或熔化，外壳膨胀变形，内部有放电声，放电设备有异常时。

三、变电站的各类事故处理

（一）线路故障跳闸的现象及处理

1. 永久性故障跳闸，重合闸动作未成功的现象

（1）警铃响、喇叭叫，跳闸断路器指示灯出现红灯灭、绿灯闪光；

（2）电流表、有功功率表、无功功率表指示为 0；

（3）控制屏出现"保护动作""重合闸动作""收发讯机动作"等光字信号；

（4）中央信号屏"掉牌未复归""故障录波器动作"灯亮，保护屏故障线路保护及重合闸动作信号灯亮或继电器动作掉牌，微机保护显示出故障报告，指示保护动作情况及故障相别的动作情况；

（5）现场检查该断路器三相均在分闸位置。

2. 线路故障跳闸的处理

（1）记录故障时间，复归音响，检查光字信号，表计指示，检查并记录保护动作情况，确认后复归信号。

（2）根据上述现象初步判断故障性质、范围，并将跳闸线路名称、时间、保护动作情况等向调度简要汇报。

（3）现场检查断路器的实际位置和动作开关电流互感器靠线路侧的一次设备有无短路、接地等故障，跳闸开关油色是否变黑，有无喷油现象等；若断路器机构为液压操动机构，检查液压机构各部分及压力是否正常；若开关机构为弹簧操动机构，检查压力、

有无漏气；对保护动作情况进行检查分析，确定开关进行过一次重合。

（4）如线路保护动作两次并且重合闸动作，可判断线路上发生了永久性短路故障。

（5）将检查分析情况汇报调度，根据调令将故障线路停电，转冷备用。

（6）将上述各项内容记录在运行记录、开关事故跳闸记录中。

（二）母线故障跳闸的现象及处理

1. 母线故障跳闸的现象

（1）警铃、喇叭响，故障母线上所接断路器跳闸，对应红灯灭，绿灯闪光，相应回路电流、有功功率表、无功功率表指示为 0。

（2）中央信号屏出现"母差动作""掉牌未复归""电压回路断线"等光字信号，故障母线电压表指示为 0。

（3）母线保护屏保护动作信号灯亮。

（4）检查现场母线及所连设备、接头、绝缘支撑等有放电、拉弧及短路等异常情况出现。

（5）如果是低压母线或未专设母线保护的母线发生故障，则由主变压器后备保护断开主变压器（电源侧）相应断路器。

2. 母线故障跳闸原因

（1）母线绝缘子和断路器靠母线侧套管绝缘损坏或发生闪络故障。

（2）母线上所接电压互感器故障。

（3）各出线电流互感器之间的断路器绝缘子发生闪络故障。

（4）连接在母线上的隔离开关绝缘损坏或发生闪络故障。

（5）母线避雷器、绝缘子等设备故障。

（6）二次回路故障。

（7）误操作隔离开关引起母线故障。

3. 母线故障跳闸的处理

（1）记录时间、断路器跳闸情况、荧光屏光字信号及保护动作信号，同时在确认后复归跳闸断路器 KK 把手。

（2）检查仪表指示、保护动作情况，复归保护信号掉牌。

（3）对故障做初步判断，到现场检查故障跳闸母线上所有设备，发现放电、闪络或其他故障后迅速隔离故障点。

（4）将故障情况及现场检查情况汇报调度，根据调令，若故障可以从母线上隔离，隔离故障后恢复其他正常设备的供电；若不能隔离，通过倒母线等方式恢复其他设备供电（根据母线保护设备的具体形式或规程要求决定是否变动母差保护的运行方式）。

（5）若现场检查找不到明显的故障点，应根据母线保护回路有无异常情况、直流系统有无接地来判断是否是保护误动引起，若是保护回路故障引起，应汇报调度及上级有关部门处理；若保护回路也查找不出问题，应按调令进行处理，可考虑由对侧变电站对故障母线试送电，进一步查找。

（6）对于双母线变电站，当母联断路器或母线上电流互感器故障，可能造成两条母线均跳闸时，运行人员立即汇报调度，迅速查找出故障点，隔离故障，按调令恢复设备正常供电。

（三）变压器故障跳闸的处理

1. 变压器故障跳闸的种类

（1）气体保护（瓦斯）：变压器主保护。

（2）差动保护：反映变压器绕组、引出线单相接地短路及绕组相间短路故障的保护，是变压器主保护。

（3）过电流保护：分为过电流、复合电压过电流等，主要反映变压器外部短路，作为气体、差动保护的后备保护。

（4）零序电流保护、间隙过电压过电流保护：反映大电流接地系统变压器外部接地短路的保护。

（5）过负荷保护：反映变压器对称过负荷的保护。

2. 变压器故障跳闸的现象

（1）警铃、喇叭响，变压器各侧断路器位置红灯灭、绿灯闪光，相应电流、有功功率表、无功功率表指示为 0。

（2）主控屏"差动保护动作""瓦斯保护动作""冷控电源消失""掉牌未复归"等光字亮。

（3）变压器保护屏对应保护信号灯亮或保护信号掉牌，微机保护显示详细动做报告。

（4）备用电源自动投入装置正常，自动投入备用设备。

3. 变压器跳闸的处理

（1）气体保护动作的处理。

1）若重瓦斯保护动作，变压器三侧断路器跳闸，应记录表计、信号、保护动作情况，同时复归跳闸断路器 KK 把手，复归音响及保护信号，并立即汇报调度。

2）检查站用备用电源自动投入装置是否启动，若未动作，应手动投入。

3）现场对保护动作情况及本体进行详细的检查，停止冷却器潜油泵运行，同时查看变压器有无喷油、着火、冒烟及漏油现象，检查气体继电器中的气体量。

4）拉开变压器跳闸三侧断路器两侧隔离开关。

5）若故障前两台变压器并列运行，应按要求投入中性点及相应保护，加强对正常运行变压器的监视，防止过负荷、变压器温度大幅上升等情况。

6）汇报调度。

7）进一步检查气体继电器二次接线是否正确，查明气体继电器有无误动的现象，取气测试，判明故障性质。变压器未经全面测试合格前，不允许在投入运行。

（2）差动保护动作的处理。

1）～5）与气体保护动作的处理方法相同。

6）检查差动保护范围内出线套管、引线及接头等有无异常。

7）检查直流系统有无接地现象。

8）经上述检查后若无异常，应对差动保护回路进行全面检查，排除保护误动的可能。

9）若检查为变压器或出线套管、引线上的故障，应停电检修；若经检查为保护或二次回路误动，应对回路进行检查，处理完毕后，经测试合格再送电。

（四）越级跳闸的处理

1. 越级跳闸的后果及形式

（1）一次设备发生短路或其他各种故障时，由于断路器拒动、保护拒动或保护整定值不匹配，造成上级断路器跳闸，本级断路器不动作，使停电范围扩大，故障的影响扩大。

（2）越级跳闸有线路故障越级、母线故障越级、主变压器故障越级和特殊情况下出现二级越级几种形式。

（3）越级跳闸的主要动作行为。

1）线路故障越级跳闸，本线路断路器拒分，本线保护动作，若装有失灵保护，则启动失灵保护，切除该线路所接母线上的所有断路器；若本线路保护未动作，失灵不动作或未装设失灵保护，由本站电源对侧或主变压器后备保护切除电源，故障切除时间加长，主变压器后备保护一般由零序（方向）过电流或复合电压闭锁过电流动作，而对侧由零序Ⅱ、Ⅲ段或距离Ⅱ、Ⅲ段动作跳闸。

2）母线故障越级跳闸，若装有母线保护，母差或断路器拒动，引起上级断路器跳闸，由电源线对侧或变压器后备保护动作跳闸。

3）变压器故障越级，若是由断路器拒动引起，应由上级保护动作或由电源线对侧保护动作跳闸。

2. 越级跳闸的原因

（1）保护出口断路器拒跳，如开关电气回路故障、机械故障、分闸线圈烧损、直流两点接地、断路器辅助接点不通、液压机构压力闭锁等原因。

（2）保护拒动，如有交流电压回路故障、直流回路故障及保护装置内部故障等。

（3）保护定值不匹配，如上级保护整定值小或整定时间小于本保护等引起保护动作不正常。

（4）断路器控制熔断器熔断，保护电源熔断器熔断。

3. 越级跳闸主要现象

（1）线路故障越级跳闸。

1）警铃、喇叭响，中央控制屏发"掉牌未复归"信号，有断路器跳闸。

2）失灵保护启动跳闸。

3）未装设失灵保护或装有失灵保护而保护拒动，由主变压器故障侧断路器跳闸；若为双母线接线，由母联断路器和主变压器断路器跳闸（主变压器后备保护Ⅰ段时限跳母联断路器，Ⅱ段时限跳本侧断路器）；通过母线所接电源对侧保护动作跳闸。

4）跳闸母线失电压，母线上所接回路负荷为0，录波器启动。

（2）母线故障越级跳闸。若装有母线保护，母差或断路器拒动，引起上级断路器跳闸，由电源线对侧或变压器后备保护动作跳闸。

（3）变压器故障越级跳闸。若是由断路器拒动引起，应由上级保护动作或由电源线对侧保护动作跳闸。

4. 越级跳闸的处理

（1）线路故障越级跳闸的处理。

1）复归音响，查看记录光字信号、表计、开关指示灯、保护动作信号。

2）查找断路器拒动的原因，重点检查拒跳断路器的油色、油位是否正常，有无喷油现象，拒跳断路器至线路出口设备有无故障。拉开拒动断路器两侧隔离开关。

3）汇报调度，根据调令送出跳闸母线和其他非故障线路。

4）依次对故障线路的控制回路，如直流熔断器、端子、直流母线电压、断路器辅助接点、跳闸线圈、断路器机构及外观等进行外部检查，查找越级跳闸原因，若能查出故障，迅速排除，恢复送电；若不能排除，汇报专业人员检查处理。

（2）主变压器或母线故障越级跳闸的处理。

1）、2）与线路故障越级跳闸的处理相同；

3）若有保护动作，根据保护动作情况判断哪条母线哪台变压器故障造成越级，并对相应母线或主变压器一次设备进行仔细检查；若无保护动作信号，则应对所有母线和主变压器进行全面检查，判明故障可能范围和原因。将失压母线上断路器全部断开，将故障母线或主变压器三侧断路器和隔离开关拉开，并将上述情况汇报调度。

第五章
变电站电气安全用具的使用与管理

电气安全用具系指用以保证电气工作安全所必不可少的工用具，可防止触电、弧光灼伤和高空摔跌等伤害事故。正确使用合格的电气安全用具是保证人身安全的基本条件之一。

一、电力安全工器具的定义

电力安全工器具指在操作、维护、检修、试验、施工等现场作业中，为防止人身伤亡事故或职业健康危害，保障作业人员安全的各种专用工器具。其内容包括绝缘安全工器具、登高安全工器具、个人安全防护用品、安全围栏等。

二、电气安全用具的分类

电气安全用具一般分为绝缘安全用具和一般防护安全用具两大类。属于一般防护安全用具的有安全带、安全帽、护目镜、标示牌和临时遮栏等；属于绝缘安全用具的有绝缘棒、绝缘手套、绝缘靴、验电器、携带型接地线、绝缘垫、绝缘挡板等。绝缘安全用具又可以分为以下两类。

（1）基本安全用具，其绝缘强度大，能长时间承受电气设备的工作电压，能直接用来操作带电设备，如绝缘杆、绝缘夹钳、绝缘棒、验电器等。

（2）辅助安全用具，其绝缘强度小，不足以承受电气设备或线路的工作电压，只是用来加强基本安全用具的保安作用，用于防止接触电压、跨步电压、泄漏电流电弧对操作人员的伤害，不能用辅助绝缘安全工器具直接接触高压设备带电部分。主要有绝缘手套、绝缘靴（鞋）、绝缘橡胶垫等。

但以上的分类不仅取决于电气安全用具的绝缘性能，还取决于其使用的场合。如果 10kV 绝缘棒用于 110kV 的电气设备，则不能承受电气设备的运行电压，只能作辅助安全用具；而作为辅助安全用具的耐压 8kV 的绝缘手套用在 220V 的低压场合时，则足以承受电气设备的运行电压。因此，使用基本安全用具时必须注意：本身必须具有合格的绝缘性能和机械强度；只能在与其绝缘性能相适应的电气设备上使用。

辅助安全用具主要用于对泄漏电流、接触电压、跨步电压触电等加强防护，一般不能直接与电气设备接触。

三、电气安全用具的使用和管理

（一）绝缘棒

绝缘棒包含绝缘操作杆、接地线的绝缘杆、验电器的绝缘杆，各种型号的绝缘棒如图 5-1 所示。绝缘棒通常由三部分组成，即工作部分、绝缘部分、握手部分。工作部分用来完成特定操作功能，并安装在绝缘部分的上端，工作时应视为带电部位，不得同时触及或接近相邻相或接地部分。绝缘部分和握手部分均由相同绝缘材料制成，绝缘部分起绝缘隔离作用，绝缘部分和握手部分之间用护罩环或用划红线明显分开。

绝缘棒的试验应按国家电网公司电力安全工作规程要求每年进行一次（验电笔为每半年一次），因试验条件限制，需采用分段试验，其试验电压应按大于规定值的 20% 分配，且 110/220kV 分段不得超过 4 段，500kV 分段不得超过 6 段。绝缘棒必须放在干燥通风处，并宜悬挂或垂直插放在特制的木架上。

（二）携带型短路接地线

携带型短路接地线（见图 5-2）可防止设备因突然来电（如误合隔离开关、断路器送电）而带电，消除邻近感应电压或放尽已断开电源电气设备上的剩余电荷。它是保护工作人员非常重要的安全用具。

携带型短路接地线的软铜线标称截面积应考虑其热稳定，还

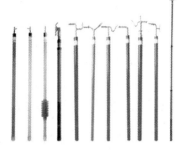

图5-1　各种型号的绝缘棒

图5-2　携带型短路接地线

应有足够的机械强度和在短路的短暂时间内（从短路故障开始到断路器跳闸为止）不会烧断。

有人认为只要接地线截面积达到 $25mm^2$ 就可以了，这是非常错误的。应该以所装接地线位置突然来电情况下，该处可能的最大单相或三相短路电流和切除该故障所配保护一级拒动时切除时间来核算接地铜线截面积。以某 220kV 变电站的事故情况为例，短路电流为 30000A，母差保护拒动，当时最快动作时间为 0.2s（因保护误动），最慢时间为 3.3s（对侧保护装置问题）。以 0.2s 计算，所需铜线截面积为 $54mm^2$；如果以一般情况 0.5s 计算，所需铜线截面积为 $85mm^2$。当时采用的接地线为 $50mm^2$，所以接地线全部被烧断。在这种情况下，应尽量采用接地开关接地，而且在防误闭锁方面也有好处。

另外，接地线夹头、螺栓及地网引线也应与软铜线的要求相匹配。接地线夹头一定要安装牢固，尽量减少接触电阻；分相接地线的接地端应尽量靠近安装，防止短路时工作地点出现跨步电压伤人；接地线使用时决不允许经刀闸或熔断器接地。接地线的使用和管理必须严格遵守《国家电网公司电力安全工作规程》及有关规定。所有接地线应编号，放置位置也应编号，以便对号存放，模拟图板上也应相应编号。每次使用要做好相关记录，交接班必须详细交接。

（三）验电器

验电器是检验电气设备是否确无电压的一种安全用具，如图5-3所示。使用验电器时必须注意以下事项：

图5-3 验电器

（1）必须使用额定电压和被验设备电压等级一致的合格验电器。

（2）验电前必须先将验电器在带电的设备上验电，证实验电器良好后，再在工作设备进出线两侧逐相进行验电，验明无电压后应立即进行接地（需接地时）。

（3）使用验电器时，验电器上部带金属部分（即工作部分）应视为带电部分，不得同时触及和接近相邻相或接地部分。

（4）在高压设备上验电一定要戴绝缘手套。

（5）验电器应每半年进行一次定期试验。

（四）绝缘手套和绝缘（鞋）靴

1. 绝缘手套

绝缘手套是在电气设备上进行实际操作时的辅助安全用具。使用绝缘手套时应注意以下事项：

（1）检查绝缘手套试验标签是否在有效期内，外观检查无损坏。

（2）使用前还应对绝缘手套进行气密性检查，即将手套从口部向上卷，稍用力将空气压至手掌及指头部分检查有无漏气，如有则不能使用。

（3）戴绝缘手套时应将外衣袖口放入手套的伸长部分。

（4）使用时注意防止尖锐物体刺破手套。

（5）绝缘手套使用后必须擦干净，注意存放在干燥处，并不得接触油类及腐蚀性药品等。

2. 绝缘（鞋）靴

绝缘（鞋）靴是在任何电压等级的电气设备上工作时，用来与地面保持绝缘的辅助安全用具，也是防止跨步电压的基本安全用具。使用前应进行外观检查，并检查试验标签是否在有效期内。绝缘（鞋）靴的使用及注意事项：

（1）应根据作业场所电压等级正确选用绝缘（鞋）靴，低压绝缘（鞋）靴禁止在高压电气设备上作为安全辅助用具使用，高压绝缘（鞋）靴可以作为高压和低压电气设备上的辅助安全用具使用。但不论是穿低压或高压绝缘（鞋）靴，均不得直接用手接触电气设备。

（2）穿绝缘（鞋）靴时，应将裤管套入靴筒内。

（3）穿绝缘（鞋）靴时，裤管不宜长及鞋底外沿条高度，更不能长及地面，保持布帮干燥。

（4）非耐酸碱油的橡胶底，不可与酸碱油类物质接触，并应防止尖锐物刺伤。

（5）低压绝缘（鞋）靴若底花纹磨光，露出内部颜色时则不能作为绝缘（鞋）靴使用。

（6）在购买绝缘（鞋）靴时，应查验鞋上是否有绝缘永久标记，如红色闪电符号、鞋底耐电压多少伏等标志；鞋内是否有合格证、安全鉴定证、生产许可证编号等。

绝缘手套和绝缘（鞋）靴试验周期为半年。如图 5-4 所示为绝缘手套和绝缘（鞋）靴。

（五）标示牌和绝缘挡板

标示牌主要用于警告工作人员不得接近设备的带电部分，提醒工作人员在工作地点

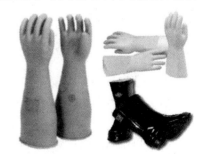

图 5-4 绝缘手套和绝缘（鞋）靴

采用安全措施以及表明禁止向某设备合闸送电等。根据用途可将

其分为警告类、允许类、禁止类等。标示牌的悬挂和拆除必须按照《国家电网公司电力安全工作规程》的规定进行。

绝缘挡板（见图 5-5）是用于隔离带电设备、防止刀闸等跌落的基本安全用具，但绝不能替代接地线或接地开关。绝缘挡板试验周期为一年。

（六）安全帽

安全帽（见图 5-6）具有防止物体打击伤害，防止高处坠落伤害头部，防止机械性损伤，防止污染毛发伤害的作用。安全帽的使用及注意事项：

图5-5　绝缘挡板　　　　　　　图5-6　安全帽

（1）选用与自己头型合适的安全帽，帽衬顶端与帽壳内顶必须保持 20～50mm 的空间。有了这个空间，才能形成一个能量吸收系统，才能使冲击力分布在头盖骨的整个面积上，减轻对头部的伤害。

（2）佩戴安全帽前，应检查各配件有无损坏，装配是否牢固，帽衬调节部分是否卡紧，绳带是否系紧等，确信各部件完好后方可使用。

（3）必须戴正安全帽，如果戴歪了，一旦头部受到物体打击，则不能减轻对头部的伤害。下颏带和后帽箍必须拴系牢固，以防帽子滑落与碰掉。

（4）热塑性安全帽可用清水冲洗，不得用热水浸泡，不能放在暖气片上、火炉上烘烤，以防帽体变形。

（5）安全帽使用超过规定限值，或者受过较严重的冲击后，虽然肉眼看不到裂纹，也应更换。一般塑料安全帽使用期限为三年。

（6）安全帽如果较长时间不用，则需存放在干燥通风的地方，远离热源，不受日光的直射。

（七）防护眼镜和面罩

（1）防护眼镜和面罩具有防止异物进入眼睛，防止化学性物品伤害，防止强光、紫外线和红外线伤害，以及防止微波、激光和电离辐射伤害的作用。

（2）使用注意事项：选用的护目镜要选用经产品检验机构检验合格的产品；护目镜的宽窄和大小要适合使用者的脸形；镜片磨损粗糙、镜架损坏，会影响操作人员的视力，应及时调换；护目镜要专人专用，防止传染眼病；焊接护目镜的滤光片和保护片要按规定作业需要选用和更换；防止重摔重压，防止坚硬的物体摩擦镜片和面罩。

（八）防护鞋

防护鞋的作用是防止物体砸伤或刺割伤害。如高处坠落物品及铁钉、锐利的物品散落在地面，这样就可能引起砸伤或刺伤。防止高低温伤害，防止触电伤害。在作业过程中接触到带电体会造成触电伤害，防止静电伤害，静电对人体的伤害主要是引起心理障碍，产生恐惧心理，引起从高处坠落等二次事故。

（九）安全带

安全带能有效预防作业人员从高处坠落，保护人身安全，如图 5-7 所示。在使用安全带时，应检查安全带的部件是否完整，有无损伤，金属配件的各种环不得是焊接件，应边缘光滑，产品上应有"安鉴证"。使用围杆安全带时，围杆绳上有保护套，不允许在地面上随意拖着绳走，以免损伤绳套，影响主绳。悬挂安全带不得低挂高用，因为低挂高用在坠落时受到的冲击力大，对人

图 5-7 安全带

体伤害也大。

四、登高安全工器具的使用和管理

登高工器具主要分为移动梯子、安全带（绳）、安全网、升降梯、移动平台等。

（一）移动梯子和移动平台

制作的移动梯子、移动平台、高凳、木踏梯，必须选择合格的金属、木材、竹子。移动梯子不允许用毛竹捆绑制作，荷载不得小于 90kg，阶梯距离不大于 40cm，档距均匀、水平，横木必须嵌在支柱上，禁止用钉子制作，防滑装置齐全；人字梯铰链牢固，限制开度拉链齐全。

移动平台高度不超过 3m，四周要设置牢固的护栏和防滑装置，上下楼梯或爬梯，材质可选用合格的金属、木材、竹子，禁止用钉子制作。高凳、木踏梯制作高度不得超过 1.5m，支柱不少于 4 根，支柱之间设置拉筋。凳面水平、平整、稳定，顶部平面宽度不小于 25cm；高凳支柱之间每一跨度不超过 2m，木板厚度不小于 5cm；木踏梯长度不超过 1m（木板厚度不小于 3cm），防滑装置齐全，上下台阶至少为二级，材质选用合格的木材，打眼制作，禁止用钉子制作。长期使用的高凳、木踏梯，制作完成后必须进行油漆（主梯为深红色，台阶边为黄色），并统一编号，定期检查。长期使用的木梯等必须定时进行油漆，执行验收签字制度。使用部门领到移动梯子、移动平台、木梯后，必须按规定进行荷载承重试验，做好编号、贴上试验标签、登记入册。

（二）升降机

检查升降机（见图 5-8）的电源开关动作是否正常、灵活、有无缺损、破裂，机械防护装置是否完好；转动部分是否转动灵活、轻快、无阻滞现象，电气保护装置是否完好，并定期检查。除以上检查项目外，还必须测量工具的绝缘电阻。

（三）安全带

安全带使的用期一般为 3～5 年，发现异常应提前报废。使用中的安全带，必须完整（带、扣、环、绳）、无破损，扣、环牢固可靠，每半年进行一次拉力预防性试验，有检验试验合格证方可使用。安全带出厂使用两年后，按批量购入情况，每半年抽检一次。围杆带要做净负荷试验，在 2250N 的拉力下拉 1min，无破断可继续使用。悬挂安全带冲击试验按 5%抽检，80kg 质量做自由落体试验，若不破断，该批安全带可继续使用。安全带在使用前应进行外观检查合格，使用时安全带应高挂低用，必须挂在结实牢固的构件上，

图 5-8　升降机

或专用的钢丝绳上；禁止挂在移动或不牢固的物件上。安全带等应储藏在干燥、通风的仓库内，不准接触高温、明火、强酸和尖锐的物件，不准曝晒。试验过的安全带不准使用。

（四）安全围栏

安全围栏主要用于发电厂、变电站的电气设备检修、电气实验、配电检修等。常用的有不锈钢带式（锦纶）、玻璃钢片式、管式和锦纶围网等，用于保障施工人员及行人的安全。遮栏绳、网应保持完整、清洁、无污垢，成捆整齐存放在安全工具柜内，不得严重磨损、断裂、霉变、连接部位松脱等；遮栏杆外观醒目，无弯曲，无锈蚀，排放整齐。

各单位及部门生产场所需配置和使用的登高工器具，有条件的应设置二级工器具库进行管理，规范安全工具的使用、维护、检测管理工作。生产现场使用的登高工器具应分类建立清册，并登记、编号，指定专人保管，定期进行检查和实验，做好记录，确保登高工器具处于完好状态。损坏、报废的登高工器具应贴不合格标签，不得混放。各部门登高工器具管理和保管人员必须保

证按期试验和检查。

五、变电站的安全用具配置及管理

变电站安全用具室内应保持干燥、清洁、整齐。室内应配置存放安全用具的专用橱柜、各安全用具应按定置管理原则安放。严禁不合格的或超过试验周期的绝缘用具继续使用。各类安全绝缘用具和接地线在每次使用前后均要详细检查，不合格的安全用具坚决不能用，及时淘汰不合格的安全用具。

各类安全用具要进行编号、登记并建立检查试验台账，安全用具应按规定分类存放在指定位置，在指定位置处应标明安全用具名称、编号，对号入座。每次使用完毕后，应详细检查安全用具室内的安全用具是否物至原处，特别是临时接地线是否到位，如没有到位，应详细了解去向，等弄清楚后，方可恢复设备送电。所有的安全用具原则上均不得外借，如确需外借时应向站长或现场技术员汇报，经同意后方可外借，并登记借用人、借用日期、归还日期。安全工具应由安全员负责，每月月底对安全工具认真检查一次，并做好记录。

安全工具要定期试验，每年按规定周期进行试验。安全工具要妥善保管，经常保持干燥清洁，完整无损。使用安全工具时要爱护，要检查，交接班时要检查安全工具是否完全，存放是否整齐。新增安全器具应做好登记记录。已到报废的或不合格者安全器具应立即收回，并上缴做记录（安全工器具检查卡见附录 C）。

第六章

消防基本知识

第一节 消防基本知识

一、消防的概念

消防，即预防和解决（扑灭）火灾的意思，亦指灭火与防火，或防火人员。中国已有两千多年的消防历史，是人类在同火灾作斗争的过程中，逐步形成和发展起来的一项专门工作。消防工作是国民经济和社会发展的重要组成部分，直接关系人民生命和财产的安全，是构建和谐社会的基本要求。

二、消防工作的方针和原则

消防工作的方针是：贯彻"预防为主，防消结合，以防为主，以消为辅"的方针。消防工作的原则是：坚持专门机关与群众相结合，"谁主管，谁负责；谁在岗，谁负责"，并由公安消防部门负责实施监督管理。"预防为主，防消结合"的方针科学地反映了同火灾作斗争的客观规律，准确地表述了防与消的辩证关系。企业必须全面贯彻执行这条方针，摆正"防"与"消"关系，克服"重防轻消"或"重消轻防"的倾向，以取得同火灾作斗争的最佳效应，确保企业长治久安。

三、消防工作的任务

消防工作的任务是预防火灾和减少火灾危害，加强应急救援工作，保护人身、财产安全，维护公共安全。加强应急救援工作，保护人身、财产安全，维护公共安全。企业员工消防工作的主要任务是：学习相关消防安全法律法规及知识，积极参加消防法规、知识的培训和灭火疏散演练；保护和爱护消防器材、设施，落实好消防安全责任制；经常开展消防安全检查，及时发现并整改火险隐患，落实好自身的防火安全责任制，懂得预防火灾和扑救基本火灾的措施，并掌握火灾自救逃生的基本方法。

四、消防基本知识

（一）燃烧的概念及条件

燃烧是指某些可燃物质在较高温度时，与空气中的氧气或氧化剂在一定的温度下进行剧烈的化合，同时产生光和热的一种化学反应。

1. 燃烧具备的三个基本条件

（1）要有可燃物质。如固体、液体、气体物质（木材、纸张、汽油、酒精、柴油、乙炔、液化气以及含碳类物质和有机化合物等），可燃物是物质燃烧的基础，没有可燃物，燃烧就失去了基础。

（2）要有助燃物质。如氧气（空气）、氧化剂等。助燃物直接参与了燃烧反应，在燃烧的区域内，助燃物的含量越高，燃烧越猛烈。

（3）要有着火源。着火源分为直接火源（明火、雷击、变压器等电气设备产生的电火花、静电火花等）和间接火源（高温自然起火以及燃烧物本身自然起火等）。

2. 燃烧必须具备的三个充分条件

（1）一定的可燃物浓度。可燃气体或蒸气只有达到一定浓度，才会发生燃烧。没有达到燃烧所需的浓度，虽有足够的空气和火源接触，也不能发生燃烧。

（2）一定的氧气（空气）或氧化剂含量。各种可燃物发生燃烧，均有本身固定的最低氧气含量要求。低于这一浓度，虽然燃烧的其他条件全部具备，但燃烧仍然不能发生。因此，可燃物发生燃烧需要有一个最低氧气含量要求，低于这一浓度，燃烧就不会发生。

（3）一定的点火能量。不管何种形式的引火源，都必须达到一定的强度才能引起燃烧反应。所需引火源的强度，取决于可燃物质的最小点火能量即引燃温度，低于这一能量，燃烧便不会发生。不同可燃物质燃烧所需的引燃温度各不相同。

燃烧不仅需具备必要和充分条件，而且还必须使燃烧条件相互结合、相互作用，燃烧才会发生或持续。否则，燃烧也不能发生。所以灭火剂的灭火机理就是去掉其中的一个或几个条件，从而使燃烧中断。

（二）火灾的定义

火灾是在时间和空间上失去控制的燃烧所造成的灾害。

（三）火灾的分类及扑救原则

1. 火灾的分类

火灾分为 A、B、C、D、E、F 六类。A 类火灾指固体物质火灾，这种物质往往具有有机物性质，一般在燃烧时能产生灼热的余烬，如木材、棉、毛、麻、纸张火灾等；B 类火灾指液体火灾和可熔化的固体火灾，如汽油、煤油、原油、甲醇、乙醇、沥青、石蜡火灾等；C 类火灾指气体火灾，如煤气、天然气、甲烷、乙烷、丙烷、氢气火灾等；D 类火灾指金属火灾，如钾、钠、镁、钛、锆、锂、铝镁合金火灾等；E 类火灾指带电物体和精密仪器等物质的火灾；F 类火灾指烹饪器具内的烹饪物（如动植物油脂）火灾等。

2. 扑救原则

（1）扑救 A 类火灾可选择水型灭火器、泡沫灭火器、磷酸铵盐干粉灭火器，卤代烷灭火器。

（2）扑救 B 类火灾可选择泡沫灭火器（化学泡沫灭火器只限于扑灭非极性溶剂）、干粉灭火器、卤代烷灭火器、二氧化碳灭火器。

（3）扑救 C 类火灾可选择干粉灭火器、卤代烷灭火器、二氧化碳灭火器等。

（4）扑救 D 类火灾可选择粉状石墨灭火器、专用干粉灭火器，也可用干沙或铸铁屑末代替。

（5）扑救 E 类带电火灾可选择干粉灭火器、卤代烷灭火器、二氧化碳灭火器等。带电火灾包括家用电器、电子元件、电气设备（计算机、复印机、打印机、传真机、发电机、电动机、变压器等）以及电线电缆等燃烧时仍带电的火灾。

（6）扑救 F 类火灾可选择干粉灭火器。

（四）火灾的等级标准

一般认为凡在时间或空间上失去控制的燃烧所造成的灾害，都为火灾。所有火灾不论损害大小，都列入火灾统计范围。按照一次火灾事故所造成的人员伤亡、受灾户数和直接财产损失，火灾事故等级划分为特别重大火灾、重大火灾、较大火灾和一般火灾四个等级。

（1）特别重大火灾，指造成 30 人以上死亡，或者 100 人以上重伤，或者 1 亿元以上直接财产损失的火灾。

（2）重大火灾，指造成 10 人以上 30 人以下死亡，或者 50 人以上 100 人以下重伤，或者 5000 万元以上 1 亿元以下直接财产损失的火灾。

（3）较大火灾，指造成 3 人以上 10 人以下死亡，或者 10 人以上 50 人以下重伤，或者 1000 万元以上 5000 万元以下直接财产损失的火灾。

（4）一般火灾，指造成 3 人以下死亡，或者 10 人以下重伤，或者 1000 万元以下直接财产损失的火灾。

（五）火灾报警要点

及时准确的报警是控制火势蔓延的关键。无论何时何地发生火灾都要立即报警，一方面要向周围人员发出火警信号，如单位失火要向周围人员发出呼救信号，通知单位领导和有关部门等。另一方面要向"119"消防指挥中心报警。不管火势大小，只要发现起火就应向消防指挥中心报警，即使有能力扑灭火灾，一般也应当报警。报警时要牢记以下七点：

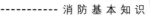
（1）要牢记火警电话"119"，消防队救火不收费。

（2）接通电话后要沉着冷静，向接警中心讲清失火单位的名称、地址、什么东西着火、火势大小，以及着火的范围。同时还要注意听清对方提出的问题，以便正确回答。

（3）把自己的电话号码和姓名告诉对方，以便联系。

（4）打完电话后，要立即到交叉路口等候消防车的到来，以便引导消防车迅速赶到火灾现场。

（5）迅速组织人员疏通消防车道，清除障碍物，使消防车到火场后能立即进入最佳位置灭火救援。

（6）如果着火地区发生了新的变化，要及时报告消防队，使他们能及时改变灭火战术，取得最佳效果。

（7）在没有电话或没有消防队的地方，如农村和边远地区，可采用敲锣、吹哨、喊话等方式向四周报警，动员乡邻来灭火。

（六）防火的基本原理和方法

1. 基本原理

引发火灾的三个条件是可燃物、氧化剂和点火能源同时存在，相互作用。如果采取措施，避免或消除上述条件之一，防止燃烧条件的产生，使燃烧的三个条件不能相互结合并发生作用，以及采取限制、削弱燃烧条件发展的办法，阻止火势蔓延，就可以防止火灾事故的发生。

2. 防火的基本措施

（1）预防性措施。这是最基本、最重要的措施。可把预防性措施分为两大类，即消除导致火灾的物质条件（即点火可燃物与氧化剂的结合）及消除导致火灾的能量条件（即点火源），从根本上杜绝火灾的可能性。

（2）限制性措施。即一旦发生火灾事故，限制其蔓延扩大及减少其损失的措施。如消除或控制燃烧的着火源，安装阻火设备，设防火墙，用难燃烧或不燃烧的代替易燃或可燃材料，用防火涂料浸涂可燃材料，密闭有易燃、易爆物质的房间、容器和设备等。

（3）消防措施。配备必要的消防措施，在万一不慎起火时，能及时扑灭。

（4）疏散性措施。预先采取必要的措施，一旦发生较大火灾时，能迅速将人员或重要物资撤到安全区，以减少损失。

3. 防火的基本方法

防止火灾的基本方法是控制可燃物、隔绝空气、消除着火源、阻止火势的蔓延。下面从控制可燃物、隔绝助燃物、消除点火源，阻止火势蔓延四个方面简述防火的基本方法。

（1）控制可燃物。控制气态可燃物，利用爆炸浓度极限比重等特性控制气态可燃物，使其形不成爆炸性混合气体。常见的方法有：散发可燃气体或蒸气的车间、仓库或密闭空间，驱散可燃气体或蒸气，控制液态可燃物时，可利用不燃液体稀释可燃性液体，选用燃点较高的可燃材料等。

（2）隔绝助燃物。常见的方法有：用惰性气体保护，隔绝空气储存，隔离储运等。

（3）消除点火源。常见方法有：在有火灾爆炸危险的场所，应有醒目的"禁止烟火"标志，严禁动火吸烟。使用电焊、气焊、喷灯进行安装或维修作业时，应按作业危险等级办理动火审批手续，领取动火证，备好灭火器材、派专人监火员监护、控制电火源及静电等。

（4）阻止火势蔓延。阻止火势蔓延，就是防止火焰或火星作为火源窜入有燃烧爆炸危险的设备、管道或空间，或者阻止火焰在设备和管道间扩散（扩展），或者把燃烧限制在一定的范围不致向外延烧，能起这种作用的有阻火装置和阻火设施。

（七）初起火灾的扑救

初起火灾的扑救，通常指的是在发生火灾以后，专职消防队未能到达火场以前，对刚发生的火灾事故所采取的处理措施。扑灭初起火灾会减少火灾损失，杜绝火灾伤亡。火灾初起阶段，燃烧面积小，火势弱，如能采取正确扑救方法，就会在灾难形成之前迅速将火扑灭。据统计，70%以上的火灾是由在场人员在火灾的初起阶段扑灭的。所以，起火之后的几分钟，是能否将初起火灾扑灭的关键时刻。

1. 初起火灾的扑灭原则

（1）"救人第一"的原则。"救人第一"是指火场上如果有人受到火势威胁，各单位消防人员、保安员及在场群众的首要任务就是把被火围困的人员抢救出来。在灭火力量较强时灭火和救人可以同时进行，人未救出之前，灭火是为了打开救人通道或减少烟火对人员的威胁，为人员脱险创造条件。如果起火楼层的上方有人被烟火围困下不来，这时组织力量灭火并打开疏散通道。根据火场情况，有时先救人后灭火，有时为救人先灭火，有时救人与灭火同时进行。

（2）"先控制，后消灭"的原则。"先控制，后消灭"是相对于不可能立即扑灭的火灾而言的。对于能一举扑灭的小火，要抓住战机迅速消灭；当火势较大，灭火力量相对较弱，不能立即扑灭时，要把主要力量放在控制火势发展或防止爆炸、要燃物泄漏等危险情况的发生上，防止火势扩大，为消灭火灾创造条件。例如，当一个房间着火时，如不能一举消灭，则应将房间的门窗关闭，以延缓火势扩大，等待消防队扑救；煤气、天然气管道或液化石油气罐、灶具漏气起火，则应立即关闭阀门或采取堵漏措施，防止火势扩大，或将受到火势威胁的罐搬开，以控制火势发展，同时由消火栓出水枪以夹击的方式灭火；对于流淌的可燃液体，可用泥土、黄沙筑堤等方法，阻止其流向易燃、可燃物存放处等。

（3）"先重点，后一般"的原则。"先重点，后一般"是指在扑救初起火灾时，要全面了解并认真分析火场情况，区别重点与一般，对事关全局或生命安全的物资和人员要优先抢救，之后再抢救一般物资。人和物相比保护人是重点；贵重物资和一般物资相比，保护和抢救贵重物资是重点；控制火势蔓延的方向应以控制受火势威胁最大的方向为重点；有爆炸、毒害、倒塌危险的方面与其他方面相比，应以危险的方面为主；火场上的下风方向与上风、侧风方向相比，下风方向是重点；要害部位与其他部位相比，要害部位是火场保护重点；易燃可燃物集中区域与一般固体物资区域相比，前者是保护重点。电气线路、电器设备发生火灾时，首先应切断电源，然后用干粉灭火剂灭火。只有当确定电路无电时，才可用水扑救。在没有采取断电措施时，千万不能用水、泡沫灭火剂灭火。卧具、沙发等一般可燃物起火时，可直接用水或灭火器进行扑救，也可采用湿棉被等覆盖在起火物品上。室内墙上消火栓箱内装有水带卷盘的（或称消防水喉），在使用时应先将其开关打开，将水喉拉至需灭火部位，然后再打开水喷头实施扑救。

（4）快速准确，协调作战的原则。协调作战是指参加扑救火灾的所有组织、个人之间的相互协作，密切配合行动。火灾初起愈迅速，愈准确靠近火点及早灭火，愈有利于抢在火灾蔓延扩大之前控制火势，消灭火灾。

2010 年 3 月 16 日，位于陕西省蒲城县某发电有限责任公司发生一起火灾事故，造成 4 名施工人员死亡。

原因分析：施工人员的脚手架使用了竹架板，在发生火灾时，灭火器没有按划定放置到动火四周（原煤仓内部），只是放置在原煤仓外。当原煤仓内起火时，内部的工作人员一筹莫展，仓外的灭火器又没法及时送进去，延误了灭火的最好时机。

2. 初起火灾的基本扑救方法

（1）隔离法。拆除与火场相连的可燃、易燃建筑物，或用水流水幕形成防止火势蔓延的隔离带，将燃烧区与未燃烧区分隔开。在确保安全的前提下，将火场内的设备或容器内的可燃、易燃液、气体排放，泄除，转移至安全地带。

（2）冷却法。使用水枪、灭火器等，将水等灭火剂喷洒到燃烧区，直接作用于燃烧物使之冷却熄灭；将冷却剂喷洒到与燃烧物相邻的其他尚未燃烧的可燃物或建筑物上进行冷却，以阻止火灾的蔓延；用水冷却建筑构件、生产装置或容器，以防止受热变形或爆炸。

（3）窒息法。用湿棉被、湿麻袋、石棉毯等不燃或难燃物质覆盖在燃烧物表面；较密闭的房间发生火灾时，封堵燃烧区的所有门窗、孔洞，阻止空气等助燃物进入，待其氧气消耗尽使其自行熄灭，见表6-1。

表6-1 灭火方法及原理

灭火方法	灭火原理	具体施用方法举例
隔离法	使燃烧物和未燃烧物隔离，限定灭火范围	（1）搬迁未燃烧物； （2）拆除毗邻燃烧处的建筑物、设备等； （3）断绝燃烧气体、液体的来源； （4）放空未燃烧的气体； （5）抽走未燃烧的液体或放入事故槽； （6）堵截流散的燃烧液体等
窒息法	稀释燃烧区的氧量，隔绝新鲜空气进入燃烧区	（1）往燃烧物上喷射氮气、二氧化碳气体； （2）往燃烧物上喷洒雾状水、泡沫； （3）用沙土埋燃烧物； （4）用石棉被、湿麻袋捂盖燃烧物； （5）封闭着火的建筑物和设备孔洞
冷却法	降低燃烧物的温度于燃点之下，从而停止燃烧	（1）用水喷洒冷却； （2）用沙土埋燃烧物； （3）往燃烧物上喷泡沫； （4）往燃烧物上喷二氧化碳气体等

（八）建筑物内初起火灾的疏散逃生

初起火灾具有燃烧面积不大，烟气流动速度缓慢，火焰辐射热量不多，周围物品和建筑结构温度上升不快的特点，所以在发现初起火能立即报警和灭火的同时，正确组织与引导人员疏散，能切实提高组织疏散逃生能力。

疏散是指火灾发生时，使身处火场内部人员能迅速、安全的离开现场，免受伤害的行动。在人员集中的场所，火灾的突然降临，会使众多的火灾现场被困人员感到大难临头，惊慌失措，争相逃命，互相拥挤，结果造成大量人员伤亡。因此，在火灾发生初期，采取有效措施组织疏散被困群众、实行自防自救是首要任务。

1. 疏散逃生的原则

（1）制订疏散预案。在人员集中的场所发生火灾，为帮助受火势威胁的人员有秩序地脱离危险区，必须有组织地进行疏散。在平时，有关单位就应和消防主管部门进行研究，拟定抢救疏散计划，提出在火灾情况下稳定群众情绪的措施，对工作人员按不同区域提出任务和要求，规定疏散路线和疏散出口，画出疏散人员示意图并进行演练。一旦发生火灾，应按既定方针和预案组织疏散。人员疏散应设专人组织指挥，分组行动，互相配合。在消防人员未到达现场之前，火场上受火势威胁的人员必须服从着火单位领导和工作人员的组织指挥。

（2）启动预案。人员集中的场所一旦发生火灾，必须按照单位应急预案，有组织地将被困人员及时疏散，通信联络组、灭火行动组、疏散引导组、安全救护组、现场警戒组按照各自职责，互相配合，发挥作用，尽最大的努力帮助被困人员有序地脱离危险区域。

（3）引导疏散。发生火灾时，由于人们急于逃离火场的心理作用，可能会蜂拥而滞于通道口，造成拥挤堵塞，甚至发生挤压。此时，疏散通道或安全出口附近的员工，要引导人员疏散，特别是单位领导、工作人员、服务人员、义务消防队员要坚守岗位、履行职能、疏散通道、打开出口，设法为被困人员指引逃生路线。消防中心收到报警信号并经确认后，在启动灭火系统、防排烟系统和应急照明的同时，应启动消防广播，按照顺序通知人员正确疏散。

（4）稳定情绪引导疏散。疏散引导组人员在火灾发生时要沉着、镇静，要不断地通过手势、喊话或广播等方式稳定被困人员情绪，消除恐慌心理，引导被困人员采取正确的逃生方法，向安全地点疏散逃生，尽量避免人流相向行进，防止拥堵、踩踏或跳楼。

（5）搜寻检查。火场被困人员疏散后，在条件允许时，在保证自身安全的前提下，疏散引导组要进入内部搜寻，按照分工，仔细检查房间内是否还有滞留人员，特别注意检查相对隐蔽部位有无人员被困或昏迷，如发现有遇险者，应组织人员迅速将其救出室外。

2. 酌情通报情况，防止混乱

在人员集中场所的火灾初期阶段，人们还不知道发生火灾，若被困人员多且疏散条件差，火势发展比较慢，失火单位的领导和工作人员就应首先通知出口附近或最不利区域的人员，让他们先疏散出去，然后视情况公开通报，告诉其他人员疏散。在火势猛烈并且疏散条件较好的情况下，可同时公开通报，让全体人员疏散。在火场上怎样通报，可视具体火情而定，但必须保证迅速简便，使各种疏散通道及时得到充分利用。

3. 组织疏散的基本要求

（1）组织健全，责任明确。单位应根据法定要求，建立由单位领导负责，各相关部位、部门负责人参与的应急机构，定人定岗明确职责，做到每个可能有人滞留的部位都有人负责、每个通道都有人开启和引导。

（2）消防设施完备，运行正常。消防设施是安全迅速逃离火海的"生命通道"，任何一个环节出现问题，都会给人员疏散带来不可估量的危害，一定要落实责任制，确定专门的维护、值班人员，经常检查、定期运行，确保其运转正常。

（3）制订方案，经常演练。为了使人员疏散工作有组织、有秩序地进行，单位要结合自身的场所、功能、岗位、人员的实际，制订符合本单位实际的灭火和应急疏散预案，并要定期组织演练，掌握疏散程序和逃生技能。

4. 被困人员疏散方法

（1）熟悉环境。熟悉所处环境、单位的疏散通道、安全出口、标志、设施等，在火灾情况下能顺利离开着火建筑。

（2）冷静迅速。火灾现场会盲目跟随他人行动，导致出现通道拥堵、相互踩踏、难以顺利脱逃。因此，火灾时要保持思维和情绪的冷静和沉着，根据现场具体情况，选择正确的逃生路线和自救方法，脱离险境。

（3）借助器材。火场自救逃生除了建筑消防疏散设施和逃生器材外，还应利用现场一切可供利用的物品，如用湿毛巾或同类物品保护口鼻，防止烟气侵害，用湿棉被、毛毯、衣服等保护头部和身体，冲出火海，将窗帘、床单、台布、被罩等撕开拧成绳索，从高处滑下等方法逃生。

（4）正确行动。在火场，任何盲目的行动都有可能造成严重的后果，所以必须按照低姿前进，匍匐爬行，借用工具，寻机求救等正确的行动要求进行。

（5）保持清醒。在生命受到浓烟烈火威胁时刻，必须要保持高度清醒，坚定逃生自救的信念，冷静观察周围环境和火势，特别是烟气蔓延发展的方向，回想自己掌握的逃生自救常识，临危不惧地确定逃生方案并大胆尝试。

（6）避难待援。首先是设法向楼下疏散，如果到达了着火层以下，则可以被认为是成功逃离火场，如果条件不允许向下疏散，可以利用建筑本身的避难层、避难间躲避火灾威胁，这是一种较为安全的方法；被困在室内时，可以采取用湿的物品堵塞所有门缝、孔洞防止烟气进入，同时不断向迎火的门、窗上浇水降温，淋湿室内可燃物品，延缓火势向房间蔓延的速度，为消防员救助赢得时间；无论在哪里等待救助，都要采取必要的方法，向外发出信号，以引起救援人员的注意，如使用电话、投掷较大的柔软物品、高声呼喊、敲击建筑构件、用电筒和打火机发出信号、摇晃衣物等。

5. 疏散通道的要求

单位应保障疏散通道、安全出口畅通，并设置符合国家规定的消防安全疏散指示标志和应急照明设施，保持防火门、消防安全疏散指示标志、应急照明等设施处于正常状态。

严禁下列行为：

（1）占用疏散通道；

（2）在安全出口或者疏散通道上安装栅栏等影响疏散的障碍物；

（3）在营业、生产、教学工作等期间，将安全出口上锁、遮挡或者将消防安全疏散指示标志遮挡、覆盖；

（4）其他影响安全疏散的行为。

6. 逃生方法

（1）尽量利用建筑物内的设施逃生，利用建筑物内已有的设施进行逃生，是争取逃生时间，提高逃生率的重要办法。

（2）利用消防电梯进行疏散逃生，但着火时普通电梯千万不能乘坐。

（3）利用室内的防烟楼梯、普通楼梯、封闭楼梯进行逃生。

（4）利用建筑物的阳台、通廊、安全绳、下水管道等进行逃生。

7. 不同部位、不同条件下人员的逃生方法

（1）当某一楼层某一部位起火，且火势已经开始发展时，应注意听通知以及安全疏散的路线、方法等，不要一听有火警就惊慌失措盲目行动。

（2）当房间内起火，且门已被火封锁，室内人员不能顺利疏散时，可另寻其他通道。

（3）如果是晚上听到报警，首先应该用手背去接触房门，试一试房门是否已变热。如果是热的，门不能打开，否则烟和火就会冲进卧室；如果房门不热，火势可能还不大，通过正常的途径逃离房间是可能的。离开房间以后，一定要随手关好身后的门，以防火势蔓延。如在楼梯间或过道上遇到浓烟时要马上停下来，千万不要试图从烟火里冲出，也不要躲藏到顶楼或壁橱等地方，

应选择别人易发现的地方，向消防队员求救。

（4）当某一防火区着火，如楼房中的某一单元着火，楼层的大火已将楼梯间封住，致使着火层以上楼层的人员无法从楼梯间向下疏散时，被困人员可先疏散到屋顶，再从相邻未着火的楼梯间往地面疏散。

（5）当着火层的走廊、楼梯被烟火封锁时，被困人员要尽量靠近当街窗口或阳台等容易被人看到的地方，向救援人员发出求救信号，以便让救援人员及时发现，采取救援措施。

8. 火灾逃生时的注意事项

（1）不能因为惊慌而忘记报警。进入高层建筑后应注意通道、警铃、灭火器位置，一旦火灾发生，要立即按警铃或打电话。

（2）不能一见低层起火就往下跑。低楼层发生火灾后，如果上层的人都往下跑，反而会给救援增加困难。正确的做法是应更上一层楼。

（3）不能因清理行李和贵重物品而延误时间。起火后，如果发现通道被阻，则应关好房门，打开窗户，设法逃生。

（4）不能盲目从窗口往下跳。当被大火困在房内无法脱身时，要用湿毛巾捂住鼻子，阻挡烟气侵袭，耐心等待救援，并想方设法报警呼救。

（5）不能乘普通电梯逃生。高楼起火后容易断电，这时候乘普通电梯就有停运的可能。

（6）不能在浓烟弥漫时直立行走。大火伴着浓烟腾起后，应在地上爬行，避免呛烟和中毒。

第二节　消防器具及使用方法

消防器具是指用于灭火、防火以及火灾事故的器材，包括灭火类器具、报警类器具、破拆类器具等。

一、常用灭火剂

能够有效地在燃烧区破坏燃烧条件，达到抑制燃烧或中止燃烧的物质，称为灭火剂。灭火剂的种类较多，常用的灭火剂有水、泡沫、二氧化碳、干粉、卤代烷灭火剂等。

（一）水

1. 灭火原理

水是使用最方便的天然灭火剂。当用其灭火时，水吸收热量变为蒸汽，能促使燃烧物冷却，使燃烧物温度降低到燃点以下。水浸湿的可燃物，必须具有足够的时间和热量将水分蒸发，然后才能燃烧，这就抑制了火灾的扩大。同时，它包围燃烧区，能降低氧气浓度，从而使燃烧减弱并有效地控制燃烧，使燃烧物因得不到足够的氧气而窒息。尤其是经消防水泵加压的高压水流强烈冲击燃烧物或火焰，冲散燃烧物，使燃烧强度显著降低，从而使火灾熄灭，达到灭火的目的。

2. 适用范围

水具有导电能力，不能用来扑灭电气火灾；水不适用于与水反应能够生成可燃气体、容易引起爆炸物质火灾的扑救，如碱金属、乙炔、电石等的火灾；冷水遇到高温熔融的盐液及沥青等会发生爆炸，故不能扑灭此类火灾；油类等密度比水小，不能用一般的水来扑救（水雾灭火除外）。

（二）干粉灭火剂

干粉灭火剂是一种干燥的、易流动的并具有很好防潮、防结块性能的固体粉末，又称为粉末灭火剂。目前其分为普通干粉灭火剂、多用途干粉灭火剂两类。普通干粉灭火剂（又称 BC 干粉灭火剂），是由碳酸氢钠、活性白土、云母粉和防结块添加剂等成份组成。多用途干粉灭火剂（又称 ABC 干粉灭火剂），是由磷酸一铵、硫酸铵、催化剂、防结块剂、活性白土等成分组成。

1. 灭火原理

干粉灭火剂平时储存于干粉灭火器或灭火设备中。灭火时依靠加压气体（二氧化碳或氮气）将干粉从喷嘴喷出，形成一股雾状粉流，射向燃烧区。当干粉灭火剂与火焰接触时，发生一系列的物理化学反应，将火扑灭。

2. 适用范围

干粉灭火剂主要用于扑救各种非水溶性及水溶性可燃、易燃液体的火灾，以及天然气和石油气等可燃气体火灾和一般带电设备的火灾。在扑救非水溶性可燃、易燃液体火灾时，可与氟蛋白泡沫联用以取得更好的灭火效果，并有效地防止复燃。

（三）泡沫灭火剂

凡能与水混合，用机械或化学反应的方法产生灭火泡沫的灭火剂，称为泡沫灭火剂。泡沫灭火剂分为化学泡沫和空气泡沫两大类。

1. 灭火原理

由于它的密度远远小于一般的可燃、易燃液体，因此可以飘浮在液体的表面，形成保护层，使燃烧物与空气隔断，达到窒息灭火的目的。它主要用于扑灭一般可燃、易燃的火灾；同时泡沫还有一定的黏性，能黏附在固体上，所以对扑灭固体火灾也有一定效果。

2. 适用范围

泡沫灭火剂主要适于扑救非水溶性可燃、易燃液体火灾和一般固体物质火灾（如从油罐流淌到防火堤以内的火灾或从旋转机械中漏出的可燃液体的火灾等），以及仓库、飞机库、地下室、地下道、矿井、船舶等有限空间的火灾。液化天然气等深冷液体的储罐有泄漏时，也可使用高倍数泡沫，以起到防止蒸气挥发和着火的作用。

由于它比重小，又具有较好的流动性，在产生泡沫的气流作用下，通过适当的管道，可以输送到一定的高度或较远的地方去灭火。由于油罐着火时，油罐上空的上升气流升力很大，而泡沫的比重却很小，不能覆盖到油面上，不能用高倍数泡沫灭火剂扑救油罐火灾，但对室内储存的少量水溶性可燃液体火灾，有时也可用全淹没的方法来扑灭。

蛋白泡沫灭火剂主要用于扑救一般非水溶性易燃和可燃液体火灾，也可用于扑救一般可燃固体物质的火灾。由于它有良好的热稳定性和覆盖性能，还被广泛地应用于石油储罐的灭火或将泡沫喷入未着火的油罐，以防止附近着火油罐辐射热引燃。使用蛋白泡沫施救原油、重油储罐火灾时，要注意可能引起的油沫沸溢或喷溅。其中，氟蛋白泡沫灭火剂主要用于扑救各种非水溶性可燃、易燃液体和一些可燃固体火灾，广泛用于扑救大型储罐（液下喷射）、散装仓库、输送中转装置、生产加工装置、油码头及飞机火灾等。

水成膜泡沫灭火剂适用于扑灭碳氢化合物 A、B 类火灾，如石油产品及燃油、汽油、易燃物等的火灾，以及采用"液下喷射"的方式扑救大型油罐火灾。它是目前国内油田、油库、机场、地下车库、船舶、码头等场所采用最多的一种泡沫灭火剂。

抗溶性泡沫灭火剂主要应用于扑救乙醇、甲醇、丙酮、醋酸乙酯等一般水溶性可燃液体火灾和一般固体物质火灾。它是化工单位、涂料单位、制药厂及储存各类危险化学品单位必须采用的一种泡沫灭火剂。

高倍数泡沫灭火剂具有发泡倍数高、封闭性强、灭火效率高、灭火后容易清除等特点。配合高倍数泡沫发生装置可以采用全淹没和覆盖的方式扑灭 A 类和 B 类火灾，可以有效地控制液化石油气、液化天然气的流淌火灾，对 A 类火灾具有良好的渗透性。高倍数泡沫灭火剂能迅速地充满大面积的火灾区域，主要应用于固体物资仓库、易燃液体仓库、有火灾危险的工业厂房（或车间）、地下建筑工程或地下坑道等场所。

（四）二氧化碳灭火剂

二氧化碳灭火剂是一种具有一百多年历史的灭火剂，价格低廉，获取、制备容易，其主要依靠窒息作用和部分冷却作用灭火。

二氧化碳灭火器主要用于扑救贵重设备、档案资料、仪器仪表、600V 以下电气设备及油类的初起火灾。

1. 灭火原理

二氧化碳灭火剂是以液态的形式加压充装在灭火器中，由于二氧化碳的平衡蒸汽压高，瓶阀一打开，液体立即通过虹吸管、导管和喷嘴并经过喷筒喷出，液态的二氧化碳迅速汽化，并从周围空气中吸收大量的热（1kg 液态二氧化碳气化时需要 578kJ 热量），但由于喷筒隔绝了对外界的热传导，因此二氧化碳液态气化时，只能吸收自身的热量，导致液体本身温度急剧降低，当其温度下降到 $-78.5℃$（升华点）时，就有细小的雪花状二氧化碳固体出现。所以，以灭火剂喷射出来的是温度很低的气体和固体的二氧化碳，尽管二氧化碳温度很低，对燃烧物有一定的冷却作用，然而这种作用远不足以扑灭火焰。

它的灭火作用主要是增加空气中不燃烧、不助燃的成分，使空气中的氧气含量减少，实验表明燃烧区域空气中氧气的浓度小于等于 20%，二氧化碳的浓度为 30%～35%，绝大多数的燃烧都会熄灭。

二氧化碳具有较高的密度，约为空气的 1.5 倍。在常压下，液态的二氧化碳会立即汽化，一般 1kg 的液态二氧化碳可产生约 $0.5m^3$ 的气体。灭火时，二氧化碳气体可以排除空气而包围在燃烧物体的表面或分布于较密闭的空间中，降低可燃物周围或防护空间内的氧浓度，产生窒息作用而灭火。另外，二氧化碳从储存容器中喷出时，会由液体迅速汽化成气体，而从周围吸引部分热量，起到冷却的作用。

2. 适用范围

二氧化碳灭火剂适于扑救气体火灾，A、B、C 类液体火灾和一般固体物质火灾。二氧化碳灭火时，不会污染火场环境，灭火后不留痕迹，不腐蚀设备。由于二氧化碳不导电，因此可用来扑救带电设备火灾，特别适用于扑救油浸变压器室、充油高压电容器室、多油断路器室、发电机房、通信机房、精密仪器室、贵重设备室、图书馆、档案库、加油站、油泵间等。

但二氧化碳不适于扑救下列火灾：自己能供氧的化学物品火灾，如硝酸纤维、火药等；活泼金属及其氢化物的火灾以及能自行分解的化学物质火灾等。二氧化碳灭火剂的缺点是高压储存时压力太大，低压储存时需要制冷设备，二氧化碳膨胀时能产生静电放电，有可能引起着火。

二、常用消防器材

常用的消防器材包括灭火器、消火栓系统、消防破拆工具等。灭火器是由筒体、器头、喷嘴等部件组成的，借助驱动压力可将所充装的灭火剂喷出，达到灭火的目的。灭火器由于结构简单，操作方便，轻便灵活，因此使用面广，是扑救初期火灾的重要消防器材（见图6-1）。

（一）灭火器

灭火器按其移动方式可分为手提式和推车式；按驱动灭火器的压力形式可分为贮气式灭火器、贮压式灭火器、化学反应式灭火器三类；按所使用的灭火剂可分为清水灭火器、干粉灭火器、卤代烷灭火器、

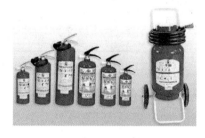

图 6-1 常用灭火器

二氧化碳灭火器、酸碱灭火器等类型。其中，贮气式灭火器的灭火剂由灭火器上的贮气瓶释放的压缩气体或液化气体的压力驱动。贮压式灭火器的灭火剂由灭火器同一容器内的压缩气体或灭火蒸气的压力驱动。化学反应式灭火器的灭火剂由灭火器内化学反应产生的气体压力驱动。

灭火器的型号由类、组、特征代号和主要参数四部分组成，其中类、组、特征代号是用其有代表性的汉字拼音字母字头表示，编制方法见表6-2。

表6-2   灭火器型号编制方法

类	组	代号	特征	代号含意	主要参数	
					名称	单位
灭火器 M（灭）	水 S（水）	MSQ	清水、Q（清）	手提式清水灭火器	灭火剂填充装置	L
	泡沫 P（泡）	MP	手提式	手提式泡沫灭火器		L
		MPZ	舟车式，Z（舟）	舟车式泡沫灭火器		
		MPT	推车式，T（推）	推车式泡沫灭火器		
	干粉 F（粉）	MF	手提式	手提式干粉灭火器		kg
		MFB	背负式，B（背）	背负式干粉灭火器		
		MFT	推车式，T（推）	推车式干粉灭火器		
	二氧化碳 T（碳）	MT	手提式	手提式二氧化碳灭火器		kg
		MTZ	鸭嘴式，Z（嘴）	鸭嘴式二氧化碳灭火器		
		MTT	推车式，T（推）	推车式二氧化碳灭火器		
	1211 Y（1）	MY	手提式	手提式1211灭火器		kg
		MYT	推车式	推车式1211灭火器		

1. 干粉灭火器

（1）手提式干粉灭火器。干粉灭火器是以干粉为灭火剂，二氧化碳或氮气为驱动气体的灭火器。按驱动气体贮存方式可分为贮气式和贮压式两种类型；按充入的干粉灭火剂种类可分为碳酸氢钠干粉灭火器（也称 BC 干粉灭火器）和磷酸、铵盐干粉灭火器（也称 ABC 干粉灭火器）两种。

1）结构形式。贮气式干粉灭火器以二氧化碳（液化）作驱动气体，单独充装在贮气瓶内，贮气瓶可以内装也可以外装。其主要构件为本体、贮气瓶、器头（含保险、密封、间歇装置）、输气管、输粉管、输粉胶管、喷口等。贮压式干粉灭火器以氮气作为驱动气体，氮气与干粉同装于灭火器本体内，其主要构件为本体、器头（含保险、间歇装置、压力表装置、密封、启动

装置等）、输粉胶管、喷口等。手提式干粉灭火器结构如图 6-2 和
图 6-3 所示。

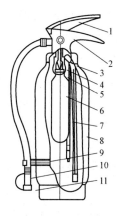

图 6-2 MF 型手提内置式干粉灭火器

1—压把；2—提把；3—刺针；4—密封膜片；5—进气管；6—二氧化碳铜瓶；

7—出粉管；8—筒体；9—喷粉管固定夹箍；10—喷粉管（带提环）；11—喷嘴

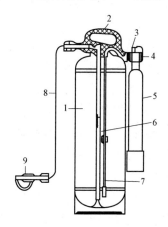

图 6-3 MF 型手提外挂式干粉灭火器

1—进气管；2—出粉管；3—二氧化碳铜瓶；4—螺母；5—提环；6—筒体；

7—喷粉胶管；8—喷枪；9—拉环

2）适用范围。干粉灭火器（包括 BC 干粉灭火器和 ABC 干粉灭火器）适用于扑救石油及其产品、油漆等易燃可燃液体、可燃气体、电气设备的初起火灾（B、C 类火灾），工厂、仓库、机关、学校、商店、车辆、船舶、科研部门、图书馆、展览馆等单位可选用 ABC 干粉灭火器。

3）使用方法。灭火时，可手提或肩扛灭火器快速奔赴火场，在距燃烧处 5m 左右，放下灭火器。如在室外，应选择在上风方向喷射。使用的干粉灭火器若是贮气瓶，使用者应一手紧握喷枪另一手提起贮气瓶上的开启提环。如果贮气瓶的开启是手轮式的，则按逆时针方向旋开，并旋到最高位置，随即提起灭火器。当干粉喷出后，迅速对准火焰的根部扫射。使用的干粉灭火器若是内置式贮气瓶或者是贮压式的，使用者应先将开启把上的保险销拔下，然后握住喷射软管前端喷嘴根部，另一手将开启压把压下，打开灭火器进行喷射灭火。有喷射软管的灭火器或贮压式灭火器，在使用时，一手应始终压下压把，不能放开，否则会中断喷射。

干粉灭火器扑救可燃、易燃液体火灾时，应对准火焰根部扫射，如被扑救的液体火灾呈流淌燃烧时，应对准火焰根部由近而远，并左右扫射，直至把火焰全部扑灭。如果可燃液体在容器内燃烧，使用者应对准火焰根部左右晃动扫射，使喷射出的干粉流覆盖整个容器开口表面；当火焰被赶出容器时，使用者仍应继续喷射，直至将火焰全部扑灭。在扑救容器内可燃液体火灾时，应注意不能将喷嘴直接对准液面喷射，防止喷流的冲击力使可燃液体溅出而扩大火势，造成灭火困难。如果当可燃液体在金属容器中燃烧时间过长，容器的壁温已高于被扑救可燃液体的自燃点，此时极易造成灭火后再复燃的现象，若与泡沫类灭火器联用，则灭火效果更佳。

如果用 ABC 干粉扑救固体可燃物的火灾时，应对准燃烧最猛烈处喷射，并上下、左右扫射。如果条件许可，使用者可提着灭火器沿着燃烧物的四周边走边喷，使干粉灭火剂均匀地喷在燃烧物表面，直至将火焰全部扑灭。如果使用有间歇装置的灭火器，灭火后要松开压把，停止喷粉；遇有零星小火，扑灭一处，间歇一次。

4）维护保养。灭火器应存放在灭火器使用温度范围内（贮气瓶式为 −10～55℃，贮压式为 −20～55℃）的场所和便于取用的通风、阴凉、干燥处，禁止暴晒，以防止驱动气体因受热膨胀而泄漏，影响使用效果；喷嘴胶堵应塞好，以防止干粉受潮或杂质进入胶管，影响喷射。

灭火器应按制造厂规定的要求和周期进行检查。如发现灭火剂结块或气量不足，应更换灭火剂或补充气量。灭火器的维修应由专门单位按制造厂家规定的要求进行。灭火器一经开启，必须再行充装；灭火器每五年或再充装之前，应对器头、筒体和贮气瓶进行水压试验，试验压力为设计压力的 1.5 倍；再行充装好的贮气瓶，应进行气密性试验；水压试验和气密性试验合格后方可继续使用。经维修部门修复的灭火器，应有当地消防监督部门认可的标记，并注明维修单位名称及维修日期。

（2）推车式干粉灭火器。推车式干粉灭火器是移动式灭火器中灭火剂量较大的消防器材。它适用于石油化工企业和变电站、油库，能迅速扑灭初起火灾。推车式灭火器规格有 MFT35 型、MFT50 型和 MFT70 型三种。由于形式不同，其结构及使用方法也有差异。现以 MFT35 型干粉灭火器为例加以介绍。

1）结构形式。MFT35 型干粉灭火器主要由喷枪、贮气钢瓶、干粉储罐、车架、进气管、出粉管、压力表、安全阀、喷嘴等组成。它是一种内装式灭火器，如图 6-4 所示。压力表用于显示罐内二氧化碳气体压力，通过压力表的显示来控制进气压杆，使储罐内压力保持最佳状态。安全阀的作用是，当储罐内的气体压力超过最大工作压力时，安全阀自动开启放气降压，起到自动限压作用。

2）使用方法。MFT35 型干粉灭火器使用时，先取下喷枪，展开出粉管，提起进气压杆，使二氧化碳气体进入储罐。当表压升至 700～1100kPa 时（800～900kPa 灭火效果最佳），放下压杆停止进气。同时两手持喷枪，枪口对准火焰边沿根部，扣动扳机，干粉即从喷嘴喷出，由近至远灭火。如扑救油火时，应注意干粉气流不能直接冲击油面，以免油液激溅引起火灾蔓延。

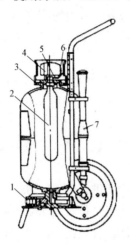

图 6-4　MFT35 型干粉灭火器

1—出粉管；2—铜瓶；3—护罩；4—压力表；

5—进气压杆；6—提环；7—喷枪

3）维护检查。检查车架上的转动部件是否灵活可靠；经常检查干粉有无结块现象，如发现结块，立即更换灭火剂；定期检查二氧化碳质量，如发现质量减少 1/10 时，应立即补气；检查密封件和安全阀装置，如发现有故障，需及时修复，修好后方可使用；每隔三年，干粉储罐需经 2500kPa 水压试验，二氧化碳钢瓶经 22.5MPa 的水压试验，合格后方能继续使用。

2. 空气泡沫灭火器

（1）结构形式。空气泡沫灭火器的结构与贮气瓶（内装）式干粉灭火器基本相同。不同的是该灭火器的喷射口为一专用泡沫产生器（利用混合液的射流吸入空气产生泡沫）。

空气泡沫灭火器按加压方式分为贮气瓶式和贮压式两种。贮压式空气泡沫灭火器的构造与贮气瓶式空气泡沫灭火器的构造基本相同。不同之处是贮气瓶式空气泡沫灭火器有一个二氧化碳贮气钢瓶，而贮压式空气泡沫灭火器没有，但有一块能显示内部工作压力的压力表，如图 6-5 所示。

（2）适用范围。该灭火器的适用范围取决于充装的灭火剂。充装蛋白泡沫剂、氟蛋白泡沫剂和轻水（水成膜）泡沫剂时，可用于扑救一般固体物质和非水溶性易燃、可燃液体的火灾；充装抗溶性泡沫剂时，可以专用于扑救水溶性易燃、可燃液体的火灾。

（3）使用方法。该灭火器的启动方式与内装贮气瓶式干粉灭火器相同。使用时可手提或肩扛迅速奔到火场，在距燃烧物 6m 左右，拔出保险销，一手握住开启压把，另一手紧握

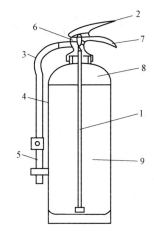

图 6-5　空气泡沫灭火器

1—虹吸管；2—压把；3—喷射软管；

4—筒体；5—泡沫喷枪；6—筒盖；

7—提把；8—加压氮气；9—泡沫混合液

喷枪（或拉出发泡头）；用力捏紧开启压把，打开密封或刺穿贮气瓶密封片，空气泡沫即可从喷枪口喷出。喷射泡沫时，泡沫不能直射液面，应经一定缓冲后，流动堆积在燃烧区灭火。

空气泡沫灭火器使用时，应使灭火器始终保持直立状态，切勿颠倒或横卧使用，否则会中断喷射。同时应一直紧握开启压把，不能松手，否则也会中断喷射。另外，如果灭火器安装有喷枪，则在手持喷枪时，不得将进气口堵塞，以免影响发泡率。

（4）维护保养。灭火器应放置在阴凉、干燥、通风的部位，环境温度应为 4～40℃，冬季应注意防冻。如发现冻结，切勿用火烤，让其慢慢化开后仍能使用；经常查看喷枪喷嘴是否堵塞，如有堵塞应及时疏通。每半年查看灭火器是否有工作压力。对于贮压式空气泡沫灭火器，只要观察器盖上的压力显示器指针是否指示在绿色区域即可，如果指针已回零或在红色区域时，应及时送有关检修单位修理。对储气瓶式空气泡沫灭火器，则要打开器

盖,拆下二氧化碳储气瓶,放在精度±5g的秤上称重,然后查看称出的质量是否与钢瓶上的总质量一致,如小于钢瓶总质量 25g 以上的,应送有关检修单位修理。同时还应检查筒盖橡胶密封圈是否损坏,滤网是否堵塞等,然后再按原样装好待用。该灭火器可供循环使用,每次使用后应打开筒盖,把筒体内部件拆出,一起清洗干净。由于空气泡沫灭火剂种类很多,重新充装灭火剂时,一定要充与原来灭火剂相同的品种,切勿随意更换不同品种的泡沫灭火剂。每次更换灭火剂或出厂已满三年的,应对灭火器进行水压强度试验,水压强度试验合格才能继续使用。灭火器的检查应由经过培训的专人进行。维修应由取得维修许可证的专业单位进行。

3. 二氧化碳灭火器

二氧化碳灭火器是(高压)贮压式灭火器,以液化的二氧化碳气体本身的蒸汽压力作为喷射动力的灭火器具,可分为手提式二氧化碳灭火器和推车式二氧化碳灭火器。

(1)手提式二氧化碳灭火器。手提式二氧化碳灭火器由无缝钢管经焖头收口工艺制成。筒体内充装液化二氧化碳,属高压容器。器头有两种型式,其一为螺纹(手轮)锥阀式开关,由于开启速度较低,操作不便,将被逐步淘汰;其二为弹簧杆(压把)式开关,操作较为方便。器头阀座的下侧有一横向通道,接装安全膜片,当筒体内压力超过允许极限时,膜片自行爆裂卸压。喷筒经连接管与器头相连,虹吸管为灭火剂通道,上端接器头,下端插入筒体底部。压把式器头上安装有保险销和间歇喷射机构。如图6-6所示为 MT 型手轮式二氧化碳灭火器;如图6-7所示为 MTZ 型鸭嘴式二氧化碳灭火器。

1)适用范围。二氧化碳灭火器适用于易燃可燃液体、可燃气体和低压电器设备、仪器仪表、图书档案、工艺品、陈列品等的初起火灾扑救。可放置在贵重物品仓库、展览馆、博物馆、图书馆、档案馆、实验室、配电室、发电机房等场所。扑救棉麻、纺

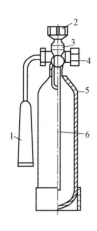

图 6-6　MT 型手轮式

二氧化碳灭火器

1—喷筒；2—手轮；3—启闭阀；

4—安全阀；5—铜瓶；6—虹吸管

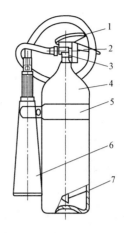

图 6-7　MTZ 型鸭嘴式二氧化碳灭火器

1—压把；2—提把；3—启闭阀；

4—铜瓶；5—长箍；6—喷筒；

7—虹吸管

织品火灾时，需注意防止复燃。不可用于轻金属火灾的扑救。

2）使用方法。灭火器启动方式随开关型式而异。螺纹式阀门只需将手轮逆时针方向旋转至最大开启量；压把式启动方式与贮压式干粉灭火器相同，向下按压压把或一手同时握持压把和提把，相向用力。灭火时，一手持喇叭筒，一手提灭火器提把，顺风使喷筒从火源侧上方朝下喷射，喷射方向要保持一定的角度，以使二氧化碳迅速覆盖着火源，达到窒息灭火的目的。

使用二氧化碳灭火器扑救电器设备火灾时，要注意，如果电压超过 600V，应先断电，后灭火。使用时要戴手套以免皮肤接触喇叭筒和喷射胶管被冻伤。

3）维护保养。二氧化碳灭火器应存放在干燥通风，温度适宜，取用方便之处，并应远离热源，严禁烈日曝晒。环境温度低于－20℃的地区，尽量不要选用二氧化碳灭火器，因在低温环境下，其蒸汽压力低，喷射强度小，不易灭火。搬运时，应注意轻拿轻放，避免碰撞，保护好阀门和喷筒。对灭火器应定期（最长为一年）检查外观和称重，如果失去的质量超过充装量的 5%，应维修和再充装。灭火器每五年或充装前应进行一次水压试验，试验压力为设计压力的 1.5 倍。灭火器经启动后，即使喷出不多，也应重新充装。灭火器的维修和充装应由专门厂家进行，维修或充装后应标明厂名（或代号）和日期。对经检试确定不合格的灭火器，不得继续使用。

（2）推车式二氧化碳灭火器。推车式二氧化碳灭火器其阀门为螺纹式阀门，其余结构与手提式二氧化碳灭火器相同。

适用范围与手提式二氧化碳灭火器相同。使用方法与手提式二氧化碳灭火器略有不同。推车式二氧化碳灭火器一般由两人操作，使用时由两人一起将灭火器推或拉到燃烧处，在离燃烧物 10m 左右停下，一人快速取下喇叭筒并展开喷射软管后，握住喇叭筒根部的手柄（如果没有则须戴手套或用衣物等垫住，以防冻伤），另一人快速按顺针方向旋动手轮，并开到最大位置。灭火方法与手提式二氧化碳灭火器的方法一样。维护保养与手提式二氧化碳灭火器相同。

使用二氧化碳灭火器时，在室外使用的，应选择在上风方向喷射。在室内窄小空间使用的，灭火后使用者应迅速离开，以防窒息。如图 6-8 所示为推车式二氧化碳灭火器。

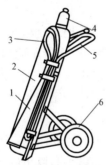

图 6-8　推车式二氧化碳灭火器

1—喇叭口（喷射口）；2—筒体；

3—胶管；4—安全帽（内罩手轮开关）；

5—车架；6—手轮

4. 清水灭火器

清水灭火器是以清水为灭火剂的贮气瓶式灭火器，较少使用。

（1）结构形式。清水灭火器的筒体用钢板焊接制成，筒体内盛清洁的水，水中可以加一定比例的添加剂，如防冻剂、浸润剂等。喷嘴直接连接在筒壁上，虹吸管为灭火剂通道，上端接喷嘴，下端插入筒体底部。器头，包括提环、安全帽（保险）、操作凸头（启动用刀阀）以及密封垫等。器头下端连接内置式贮气瓶，内盛二氧化碳气体，瓶口阀为密封膜片。清水灭火器如图 6-9 所示。

（2）使用范围。清水灭火器可设置于工厂、企业、公共场所等，用以扑救竹、木、棉麻、稻草、纸张等 A 类物质火灾，不适用于扑救油脂、石油产品、电气设备和轻金属火灾。

（3）使用方法。灭火时，手持提环至火场，取下安全帽，将喷嘴对准火源，用力打击操作凸头，刺穿贮气瓶口的密封膜片，水即喷出；提起灭火器，使射流射向火源（灭火器保持正立位置）。

（4）维护保养。灭火器应放置于干燥、通风、便于取用的地方，环境温度应为 4～45℃，不能放置在露天场所，以防日晒雨淋。使用后

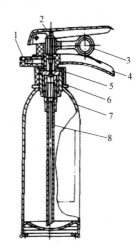

图 6-9　清水灭火器

1—安全帽；2—操作凸头；3—提环；

4—喷嘴；5—标尺；6—虹吸管；

7—贮气瓶；8—筒体

贮气瓶应重新充装二氧化碳，筒体内应充装清水，加水量不应超过虹吸管上所示水位标尺线。每次充装前，应进行压力为 $25kg/cm^2$ 的水压试验，合格后方可充装使用。二氧化碳钢瓶应每半年称重一次，如有泄漏，应重新充气。灭火器的维修和充装应由专业厂家承担，并经当地消防监督部门认可。

5. 1211 灭火器

1211 灭火器是以卤代烷二氟-氯-溴甲烷为灭火剂，以氮气作为驱动气体的灭火器，但由于卤代烷不利于环保，非必要场所一般不再配备，消防器材销售商未经许可，也不再销售。

（1）手提式 1211 灭火器。

1）结构形式。灭火器筒体由钢板拉伸焊底制成，灭火剂 1211 与驱动气体氮气盛于筒体内；器头由铜合金（或铝合金、不锈钢、工程塑料）制成，包括喷嘴、启动压把、保险卡、提把、密封机构、点射机构等；4kg 规格以上的，还设有喷射软管；虹吸管与器头相接，插至筒体底部，是灭火剂的通道。1211 灭火器如图 6-10 所示。

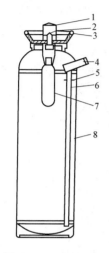

图 6-10　1211 灭火器

1—喷嘴；2—压把；3—安全销；

4—提把；5—筒盖；6—密封阀；

7—筒体；8—虹吸管

2）适用范围。由于 1211 灭火剂灭火效率高，电绝缘性好，对金属无腐蚀，灭火后不留痕迹，因此 1211 灭火器适用于油类、电气设备、仪器仪表、图书档案、工艺品等初起火灾的扑救。可设置在贵重物品仓库、实验室、精密仪器等消防监督部门确定的必要场所。

3）使用方法。1211 灭火器的生产厂家不同，启动机构和保险装置的形式也不一样，大部分是图 6-10 所示的结构。平时应熟悉放置场所内的灭火器。操作使用时，将灭火器提至火场，先拆下铅封，拔掉保险卡（保险销），在灭火器有效喷射距离内，将喷嘴（或胶管喷口）对准火焰根部，按下启动压把后，密封开启，灭火剂喷出；松开压把，间歇喷射机构复位，喷射停止；喷射时，应迅速左右摆动，向前平推扫射，防止回火复燃；如扑救液体火灾，灭火剂不要直接射入液面；如遇零星火点，可点射灭火。如果扑救可燃固体物质的初起表面火灾，则将喷流对准燃烧最猛烈处喷射，当火焰被扑灭后，应及时采取措施，不让其复燃。1211 灭火器使用时不能颠倒，也不能横卧，否则灭火剂不会喷出。另外，在室外使用时，应选择在上风方向喷射；在窄小空间的室内灭火时，灭火后使用者应迅速撤离，因 1211 灭火剂也有一定毒性，以防对人体的危害。

4）维护保养。1211 灭火器应存放在通风、干燥、阴凉及取用方便的场合，环境温度在－10～45℃为好，不要存放在加热设备附近，也不应放在有阳光直晒的部位及有强腐蚀性的地方。每隔半年左右检查灭火器上显示内部压力的显示器，如发现指针已降到红色区域时，应及时送维修部门检修。每次使用后不管是否有剩余应送维修部门进行再充装。每次再充装前或出厂三年以上的，应进行水压试验，试验压力与贴花上所标的值相同，试验合格方可继续使用。如灭火器上无内部压力显示器的，可采用称重的方法，当称出的质量小于标签所标明质量的90%时，应送维修部门修理。由于 1211 灭火剂的沸点为－4℃，当环境温度低于－5℃时，即使氮气都漏完，1211 灭火剂的泄漏也很少，因此采用称重的办法，并不能判断该灭火器是否可用。所以购买时应选购有内部压力显示器的 1211 灭火器为好。

（2）推车式 1211 灭火器。

1）结构形式。推车式 1211 灭火器由推车、钢瓶（贮压式）、手轮式阀门、护栏、压力表喷射胶管、手把开关、伸缩喷杆和喷嘴等组成。伸缩喷杆最大伸长时可达 2m，以便于接近火源，或扑救高处火灾。喷嘴有两种型式，一种是雾化型，喷雾面积大；另一种是直射型，射程远。

推车式 1211 灭火器如图 6-11 所示。其适用范围与手提式 1211 灭火器相同。推车式 1211 灭火器的维护

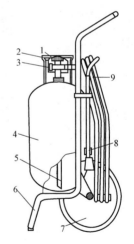

图 6-11　推车式 1211 灭火器

1—开关；2—护栏；3—压力表；
4—筒体；5—虹吸管；6—车架；
7—车轮；8—喷枪；9—喷管

要求与手提式 1211 灭火器相同。

2）使用方法。灭火时，一般由两人操作，先将灭火器推或拉到火场，在距燃烧处 10m 左右停下，一人快速放开喷射软管后，紧握喷枪，对准燃烧处；另一人则快速打开灭火器阀门，阀门开启一般有三种方式，一种是按顺时针方向旋动手轮，并开启到最大位置，另一种是旋转 90°即可开启，还有一种是压下开启杆，由凸轮装置将阀门顶开。其灭火方法与手提式 1211 灭火器相同。

（二）消防（火）栓

消火栓是与供水管路连接，由阀、出水口和壳体等组成的消防供水装置，分为室内消火栓（见图 6-12）和室外消火栓（见图6-13）。

图6-12　室内消火栓　　　　图6-13　室外消火栓

1. 室内消火栓

室内消火栓是设于建筑内部的消火栓，包括室内消火栓、水带、水枪等。由开启阀门和出水口组成，并配有双卷的水带和水枪，一般都安装在有玻璃门的消防箱内，有的还设计安装有消防卷盘、报警按钮、指示灯等附件。使用时，一般由两人配合，一人拉开消火栓箱门，迅速取下挂架上的水带或取出双卷水带甩出，手持一端的接口和水枪冲向起火处，途中将水枪和水带接口接好；另一人将接口另一端连接在消火栓出水口上，并旋转手轮打开阀门，水即喷出。

如果箱门锁住，可用钥匙打开或用硬物击碎箱门上的玻璃；如有报警按钮，可同时按动，此时消火栓箱上的红色指示灯亮，给控制室和消防泵房送出火警信号。

需要注意的是，使用时，须避免水带打死折，并应尽量拉直水带，以保证水流畅通。水从水枪口喷出时，会产生很大的反作用力，使人难以把持，不小心还会打到人。因此，握水枪者应将水带夹于腋下，双手紧握水枪，开启阀门者应慢慢放水，不要突然将水流开到最大。

消防卷盘的输水胶管平时卷绕在胶管卷盘上，使用时，手握小口径水枪头，胶管拉出任一长度、任意绕曲均可出水，可灵活应用于室内初起火灾的扑救。

2. 室外消火栓

室外消火栓是露天设置的消火栓，是市政供水系统或消防给水管网的取水口，主要分为地上和地下两种。地上消火栓，其阀、出水口以及部分壳体露出地面，地下消火栓是安装于地下的室外消火栓，如图 6-13 所示为室外消火栓。

室外消火栓一般由专业消防队的消火栓专用扳手开启，任何单位和个人不得用其他工具打开用于扑救火灾以外的其他目的，不得损坏、拆除、停用，也不能碰撞、圈占、埋压和设置障碍物。

3. 消防水的灭火作用

消防用水除取自消火栓等人工水源外，还可以取之于天然水源，如地表水或地下水，可以单独灭火，也可与其他不同的化学添加剂组成混合液使用。

（1）冷却作用。每千克水的温度升高 1℃，可吸收热量 4184J，每千克水蒸发汽化时，可吸收热量 2259kJ，水具有较好的导热性。因此，当水与燃烧物接触或流经燃烧区时，将被加热或汽化，吸收热量，从而使燃烧区温度大大降低，以致使燃烧中止。

（2）窒息作用。水的汽化将产生大量水蒸气占据燃烧区，可阻止新鲜空气进入，降低燃烧区氧的浓度，使可燃物得不到氧的补充，导致燃烧强度减弱直至中止。

（3）稀释作用。水本身是一种良好的溶剂，可以溶解亲水性可燃液体如醇、醛、醚、酮、酯等。因此，当此类物质起火后，如果容器的容量允许或可燃物料流散，可用水予以稀释。由于可燃物浓度降低而导致可燃蒸汽量的减少，使燃烧减弱。当可燃液体的浓度降到可燃浓度以下时，燃烧即行中止。

（4）分离作用。经射水器具（尤其是直流水枪）喷射形成的水流有很大的冲击力，这样的水流遇到燃烧物时，将使火焰产生分离，这种分离作用，一方面使火焰"端部"得不到可燃蒸汽的补充，另一方面使火焰"根部"失去维持燃烧所需的热量，使燃烧中止。

（5）乳化作用。非水溶性可燃液体的初起火灾，在未形成热波之前，以较强的水雾射流（或滴状射流）灭火，可在液体表面形成"油包水"型乳液，乳液的稳定程度随可燃液体黏度的增加而增加，重质油品甚至可以形成含水油泡沫。水的乳化作用可使可使液体表面受到冷却，使可燃蒸汽产生的速率降低，致使燃烧中止。

4. 水的灭火应用

（1）利用不同的射水器具，可产生不同的水流形态。

1）密集射流（直流水）。利用直流水枪可产生呈"柱状"连续流动的密集射流，即直流水。密集射流是几种水流形态中最具冲击力的射流。

2）滴状射流（开花水）。利用开花水枪或大水滴喷水头可产生呈"滴状"流动的水流，即开花水。滴状射流的水滴直径通常为 $500\sim1500\mu m$，其冲击力低于密集射流，可保证一定的射水距离，并获得较大的喷洒面积。

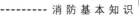

3）雾状射流（喷雾水）。利用喷雾水枪或雾流喷水头可产生水滴直径小于 100μm 的雾状射流。产生雾状射流需较高的压力。这种射流具有很大的比表面积，可大大增加水与燃烧物料的接触面，有良好的冷却效果。

在实际火场上，水流形态可能是不规则的。如由于空气阻力和地心引力的作用，或水柱交叉以及障碍物的撞击，柱状的密集射流会变成初步分散的水流，其水滴直径的分布很广，呈分散流动的滴状水，水滴直径最大可达 6mm 甚至更大，尤其是扩张角可调的开花水枪，水滴直径的变化范围也是很大的。

（2）适用火灾范围。以水灭火的适用火灾范围受水流形态、燃烧物料的类别和状态、水添加剂的成分等条件的制约。用直流水或开花水可扑救一般固体物质的表面火灾，如木材及其制品、棉麻及其制品、粮草、纸张、建筑物等；可以扑救闪点在 120℃以上的重油火灾；在遵守安全措施的前提下，可以扑救带电设备的火灾，如变压器、电容器等。用雾状水可扑救阴燃物质的火灾；可以扑救可燃粉尘（如面粉、煤粉、糖粉等）的火灾。对于上述火灾，如果使用润湿剂，灭火效果则更好。

（3）应用注意事项。漏包的钢水或铁水，水不可以直接溅入，因高温会使水急剧汽化，同时有部分分解，易造人身伤亡。精密仪器、仪表、工艺品、重要档案资料或图书，有重要价值的房间，溅水或水渍的损失，有时甚至大于火灾损失，应考虑使用气体灭火剂。直流水的冲击会引起粉尘物料的飞扬，易在空气中形成爆炸性混合物，有引起爆炸的危险。对于粉尘物料、阴燃物质或水难浸透的物质，建议使用雾状水（含润湿剂效果更好）。向密闭房间内的阴燃物质射水时，可能产生大量热水蒸气，有灼伤危险。用直流水扑救燃油、脂肪等贮罐的火灾，有产生溢流、喷溅或喷出使火势蔓延的危险，建议使用泡沫，起码用小水滴开花水流。用直流水或开花水直接喷射氧化钾、浓硫酸或浓硝酸时，由于酸液局部过热，有发生喷溅的危险，可使用雾状水流。对于带电设备的火灾,在保持一定安全距离的条件下,可以用自来水扑救。使用直流水扑救电压在 35kV 以下的带电设备火灾时,应使用 13 或 16mm 口径的水枪,水枪口与火点距离在 10m 以上,或者水枪口径数值(mm)等于安全距离数值(m)。如果不能远距离射水,可采用尽量小的水枪口径,并增大射流的仰角;使用达到正常雾化状态的喷雾水枪,安全距离可以缩至 5m。如果水枪射流严重受空间限制而达不到安全距离要求,可以考虑水枪接地或水枪手穿着均压服等。

5. 水灭火的禁用范围

(1)轻金属火灾。由于此类物质遇水有产生爆炸性气体而引起爆炸或水流冲散燃烧的金属块导致火势蔓延的危险。

(2)遇水分解而产生可燃气体、有毒气体的物质的火灾。此类物质遇水产生爆炸性气体或有毒气体,可能引起爆炸或造成灭火人员中毒。特殊情况可考虑使用其他灭火剂或采取消防员个人防护。

(3)处于熔化状态的钢或铁。在其未冷却之前射水,可引起爆炸。

(4)处于白热状态的化合物或炭。遇水会产生氢气、一氧化碳,有引起爆炸或造成人员中毒的危险。

(三)破拆工具

破拆工具设备(破拆器材装备)按动力源可分为手动破拆工具、电动破拆工具、机动破拆工具、液压破拆工具、气动破拆工具、弹能破拆工具、其他破拆工具等。其主要用于消防、交通等,在发生火灾、车祸、突击救援情况下使用,快速破拆,清除栏杆、倒塌建筑钢筋等障碍物,包括消防斧、切割工具等。

1. 消防斧

消防斧可清理着火或易燃材料,切断火势蔓延的途径,还可以劈开被烧变形的门窗,解救被困的人员。消防斧结构示意图如图 6-14 所示。消防斧的型号编制方法应符合 GN 11-1982《消防产品型号编制方法》的规定。消防斧斧头应采用符合标准技术要求的钢材制造，斧柄应采用硬质木材，含水率应不大于 16%。消防斧产品型号的构成如图 6-15 所示。如 GFP 810 表示全长 810mm 的消防平斧；GFJ 715 表示全长 715mm 的消防尖斧。

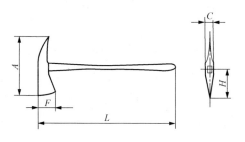

图 6-14　消防斧结构示意图

（a）消防平斧；（b）消防尖斧

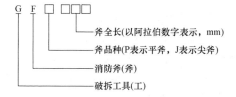

图 6-15　消防斧产品型号的构成

2. 切割工具

切割工具包括机动链锯、无齿锯、液压破拆工具组等。

第三节　典型消防系统介绍

一、消防系统的组成

消防系统主要由两大部分构成：一部分为感应机构，即火灾自动报警系统；另一部分为执行机构，即消防联动控制系统（包括自动灭火控制系统及辅助灭火或避难指示系统）。

火灾自动报警系统由触发器件（包括火灾探测器和手动火灾

报警按钮）、火灾报警控制装置、火灾警报装置及电源四部分构成，以完成检测火情并及时报警的任务。而消防联动控制系统是在火灾条件下，控制固定灭火、消防通信及广播、事故照明及疏散指示标志、防排烟等消防设施动作的电气控制系统，通常由消防联动控制器、模块、气体灭火控制器、消防电气控制装置、消防应急电源、消防应急广播设备、消防电话、消防控制室图形显示装置、消防电动装置、消火栓按钮等全部或部分设备组成。其中，消防联动控制器是消防系统的重要组成设备，主要功能是接收火灾报警控制器的火灾报警信号或其他触发器件发出的火灾报警信号，根据设定的控制逻辑发出的控制信号，控制各类消防设备实现相应功能，消防联动控制器和火灾报警控制器可以组合成一台设备，称为火灾报警控制器（联动型系统），它具有火灾报警控制器和消防联动控制器的所有功能。

二、消防系统的主要功能

自动捕捉火灾探测区域内火灾发生时的烟、温、光等物理量，发出声光报警并控制自动灭火系统，同时联动其他设备的输出接点，控制事故照明及疏散标志、事故广播及通信、消防给水和防排烟设施，以实现检测、报警和灭火的自动化。另外，还能实现向城市或地区消防队发出救灾请求，进行通信联络。如图6-16所示为火灾自动报警系统部分组件。

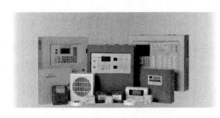

图6-16　火灾自动报警系统部分组件

（一）火灾自动报警系统

1. 系统组成

（1）火灾探测器。火灾探测器具体包括感温火灾探测器、感烟火灾探测器、复合式感烟感温火灾探测器、紫外火焰火灾探测器、可燃气体火灾探测器、红外对射火灾探测器等。如图6-17所示为某型号火灾探测器。

（2）报警装置。其包括手动报警按钮、火灾声报警器、火灾光报警器、火灾声光报警器等。

（3）报警控制器。其包括报警主机、CRT 显示器、直接控制盘、总线制操作盘、电源盘、消防电话总机、消防应急广播系统等。

（4）报警方式。报警方式有区域报警、集中报警、控制中心报警。

图 6-17　某型号火灾探测器

2. 系统完成的主要功能

火灾发生时，探测器将火灾信号传输到报警控制器，通过声光信号表现出来，并在控制面板上显示火灾发生部位，从而达到预报火警的目的。同时，也可以通过手动报警按钮来完成手动报警的功能。

3. 系统容易出现的问题、产生的原因及处理方法

（1）探测器误报警，探测器故障报警。

原因：探测器灵敏度选择不合理，环境湿度过大，风速过大，粉尘过大，机械震动，探测器使用时间过长，器件参数下降等。

处理方法：根据安装环境选择适当灵敏度的探测器，安装时应避开风口及风速较大的通道，定期检查，根据情况清洗和更换探测器。

（2）手动报警按钮报警，手动报警按钮故障报警。

原因：按钮使用时间过长，参数下降或按钮人为损坏。

处理方法：定期检查，损坏的及时更换，以免影响系统运行。

（3）报警控制器故障。

原因：机械本身器件损坏报故障，或外接探测器、手动按钮出现问题引起报警控制器报故障、报火警。

处理方法：用表或自身诊断程序检查机器本身，排除故障，或按（1）、（2）处理方法，检查故障是否由外界引起。

（4）线路故障。

原因：绝缘层损坏，接头松动，环境湿度过大，造成绝缘下降。

处理方法：用表检查绝缘程度，检查接头情况，接线时采用焊接、塑封等工艺。

（二）消防联动控制系统

1. 消火栓系统

（1）系统组成。消火栓系统由消防泵、稳压泵（稳压罐）、消火栓箱、消火栓阀门、接口水枪、水带、消火栓报警按钮、消火栓系统控制柜等组成。消火栓箱根据箱门的开启方式，按下门上的弹簧锁，销子自动退出，拉开箱门后，取下水枪拉转水带盘，拉出水带，同时把水带接口与消火栓接口连接上，按下箱体内的消火栓报警按钮，把室内消火栓手轮按顺开启方向旋开，即能进行喷水灭火。消防水枪是灭火的射水工具，用其与水带连接会喷射密集充实的水流，具有射程远、水量大等优点。它由管牙接口、枪体和喷嘴等主要零部件组成。直流开关水枪，是直流水枪增加球阀开关等部件组成的，可以通过开关控制水流。消防水带是消防现场输水用的软管。消防水带按材料可分为有衬里消防水带和无衬里消防水带两种。无衬里水带承受压力低、阻力大、容易漏水、易霉腐，寿命短，适用于建筑物内火场铺设。衬里水带承受压力高、耐磨损、耐霉腐、不易渗漏、阻力小、经久耐用，还可任意弯曲折叠，随意搬动，使用方便，适用于外部火场铺设。

（2）系统完成的主要功能。消火栓系统管道中充满有压力的水，如系统有微量泄露，可以靠稳压泵或稳压罐来保持系统的水和压力。当火灾时，首先打开消火栓箱，按要求接好接口、水带，将水枪对准火源，打开消火栓阀门，水枪立即有水喷出，按下消火栓按钮时，通过消火栓启动消防泵向管道中供水。

（3）系统容易出现的问题、产生的原因及处理方法。

1）打开消火栓阀门无水。

原因：管道中可能有泄露点，使管道无水，且压力表损坏，稳压系统不起作用。

处理方法：检查泄露点、压力表、修复或安上稳压装置，使管道有水。

2）按下手动按钮，不能联动启动消防泵。

原因：可能是手动按钮接线松动、按钮本身损坏、联动控制柜本身故障、消防泵启动柜故障或接线松动或消防泵本身故障等。

处理方法：检查各设备接线、设备本身器件，检查泵本身电气、机构部分有无故障并进行排除。

2. 自动喷水灭火系统

（1）系统组成。自动喷水灭火系统由闭式喷头、水流指示器、湿式报警阀、压力开关、稳压泵、喷淋泵、喷淋控制柜等组成。如图 6-18 所示为自动喷水灭火系统结构示意图。

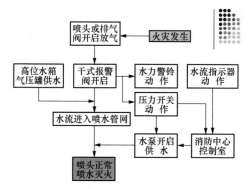

图 6-18 自动喷水灭火系统结构示意图

（2）系统完成的主要功能。系统处于正常工作状态时，管道内有一定压力的水，当有火灾发生时，火场温度达到闭式喷头的温度时，玻璃泡破碎，喷头出水，管道中的水由静态变为动态，水流指示器动作，信号传输到消防控制中心的消防控制柜上报警，当湿式报警装置报警，压力开关动作后，通过控制柜启动喷淋泵为管道供水，完成系统的灭火功能。如图 6-19 所示为某型号喷水头。

（3）系统容易出现的问题、产生的原因、处理方法。

1）稳压装置频繁启动。

原因：主要为湿式报警装置前端有泄露，还有是水暖件或连接处泄漏，闭式喷头泄漏，末端泄放装置没有关好。

图 6-19　某型号喷水头

处理方法：检查各水暖件、喷头和末端泄放装置，找出泄漏点进行处理。

2）水流指示器在水流动作后不报信号。

原因：除电气线路及端子压线问题外，主要是水流指示器本身问题，包括桨片不动、桨片损坏、微动开关损坏、干簧点触点烧毁、永久性磁铁不起作用。

处理方法：检查桨片是否损坏或塞死不动，检查永久性磁铁、干簧管等器件。

3）喷头动作后或末端泄放装置打开，联动泵后前端管道无水。

原因：主要为湿式报警装置的蝶阀不动作，湿式报警装置不能将水送到前端管道。

处理方法：检查湿式报警装置，主要是蝶阀，直到灵活翻转，再检查湿式装置的其他部件。

4）联动信号发出，喷淋泵不动作。

原因：可能控制装置及消防泵启动柜连线松动或器件失灵，也可能是喷淋泵本身机械故障。

处理方法：检查各连线及水泵本身。

（三）防排烟系统

（1）系统组成：排烟阀、手动控制装置、排烟机、防排烟控制柜。

（2）系统完成的主要功能：火灾发生时，防排烟控制柜接到火灾信号，发出打开排烟机的指令，火灾区开始排烟，也可人为地通过手动控制装置进行人工操作，完成排烟功能。

（3）系统容易出现的问题、产生的原因及处理方法。

1）排烟阀打不开。

原因：排烟阀控制机械失灵，电磁铁不动作或机械锈蚀引起排烟阀打不开。

处理方法：经常检查操作机构是否锈蚀，是否有卡住的现象，检查电磁铁是否工作正常。

2）排烟阀手动打不开。

原因：手动控制装置卡死或拉筋线松动。

处理方法：检查手动操作机构。

3）排烟机不启动。

原因：排烟机控制系器件失灵或连线松动，机械故障。

处理方法：检查机械系统及控制部分各器件系统连线等。

（四）防火卷帘门系统

（1）系统组成：感烟探测器、感温探测器、控制按钮、电机、限位开关、卷帘门控制柜等。如图6-20所示为某种防火卷帘门。

（2）系统完成的主要功能：在火灾发生时起防火分区隔断作用，在火灾发生时，感烟探测器报警，火灾信号送到卷帘门控制柜，控制柜发出启动信号，卷帘门自动降到 1.8m 的位置

图 6-20　防火卷帘门

（特殊部位的卷帘门也可一降到底），如果感温探测器报警，卷帘门才降到底。

（3）系统容易出现的问题、产生的原因及处理方法。

1）防火卷帘门不能上升下降。

原因：可能为电源故障、电机故障或门本身卡住。

处理方法：检查主电、控制电源及电机，检查门本身。

2）防火卷帘门有上升无下降或有下降无上升。

原因：下降或上升按钮有问题，接触器触头及线圈有问题，限位开关有问题，接触器联锁常闭触点有问题。

处理方法：检查下降或上升按钮及下降或上升接触器触头的开关和线圈，检查限位开关，检查下降或上升接触器联锁动断触点。

3）在控制中心无法联动防火卷帘门。

原因：控制中心控制装置本身故障，控制模块故障，联动传输线路故障。

处理方法：检查控制中心控制装置本身，检查控制模块，检查传输线路。

（五）消防事故广播及对讲系统

（1）系统组成：消防事故广播及对讲系统由扩音机、扬声器、切换模块、消防广播控制柜组成。

（2）系统完成的主要功能：当消防值班人员得到火情后，可以通过电话与各防火分区通话了解火灾情况，用以处理火灾事故，也可通过广播及时通知有关人员采取相应措施，进行疏散。

（3）系统容易出现的问题、产生的原因及处理方法

1）广播无声。原因一般为扩音机无输出。处理方法是检查扩音机本身。

2）个别部位广播无声。原因是扬声器有损坏或连线松动。处理方法为检查扬声器及接线。

3）不能强制切换到事故广播。原因一般为切换模块的继电器

不动作引起。处理方法为检查继电器线圈及触点。

4）无法实现分层广播。原因是分层广播切换装置故障。处理方法是检查切换装置及接线。

5）对讲电话不能正常通话。原因是对讲电话本身故障，对讲电话插孔接线松动或线路损坏。处理方法为检查对讲电话及插孔本身，检查线路。

第四节　电缆火灾及预防

在电力生产中，电缆的应用十分广泛，数量很大，尤其是在发电厂和变电站中，电缆的配置数量相当可观，一座容量为10万kW的中型火力发电站，使用电缆的长度可达70000m。

电缆的外裸材料多为有机物，而且是以沟道、桥架、竖井及悬挂的形式进行敷设，连通全厂各处的电力设备。一旦电缆着火，就会造成严重的火灾蔓延，并引发停产、停电事故。而且电缆一旦着火，事故中扑救难，事故后修复也难。电缆火灾给安全生产造成极大的危害。

一、电缆火灾的主要原因

电缆着火的原因有两大类：一类是电缆自身引起的，另一类是外界因素引起的电缆着火。

（一）电缆起火的内部原因

（1）短路。电缆内部由于各种原因相接和相碰，产生电流突然增大的现象叫短路。电缆发生短路的主要原因有使用电缆没有按具体环境选用，使绝缘受到高温、潮湿或腐蚀等作用的影响，失去了绝缘能力；绝缘层老化或受损，使线芯裸露；电源过电压，使电缆绝缘被击穿等情况。

（2）过载。电缆中允许连续通过而不使电缆过热的电流量，称为安全载流量或安全电流，电缆流过的电流超过安全电流值称为过载，过载即是超负荷。当过载时，会使绝缘加速老化，甚至损坏，引起短路火灾事故。发生过载的主要原因有电缆截面选择不当，实际负载超过了电缆的安全载流量；在线路中接入了过多或功率过大的电气设备，超过了电缆的负载能力等。

（3）接触电阻过大。电缆连接时，在接触面上形成的电阻称为接触电阻。电缆接头是电缆火灾产生最常见的重要部位，接头处理良好，则接触电阻小。若连接不牢或选用密封绝缘材料的质量不符合要求，使接头接触不良则会导致局部接触电阻过大，在电力运行中接头就会氧化、过热，使金属变色甚至融化，引起绝缘材料中可燃物燃烧。在电缆火灾的自身原因中，电缆接头的问题占 70%。发生接触电阻过大的主要原因有安装质量差，造成电缆与电气设备衔接连接不牢。连接处沾有杂质，如氧化层、泥土、油污，连接点由于长期振动或冷热变化，使接头松动；铜铝混接时，由于接头处理不当，在电腐蚀作用下接触电阻会很快增大。

上述三种情况，是因为短路时电阻突然减小，电流突然增大，导体的放热量增加引起的。据计算，短路放出的热量是正常时的 960 多倍，短路电流比正常电流大 30 多倍，在极短的时间内会产生很大的热量，不仅能使绝缘层燃烧而且能使金属融化引起邻近的易燃、可燃物燃烧，从而引起火灾。

（4）电缆的保护绝缘体受机械损伤，引起电缆相间的绝缘击穿而发生电弧，使电缆的绝缘材料起火燃烧。

（5）电缆长时间过负荷运行，使电缆绝缘过热或干枯，造成绝缘性能的下降，在一段电缆上发生多处击穿着火。

（二）电缆火灾的外部原因

外界火源和热源引起电缆火灾事故。如电焊的熔渣掉在电缆的杂物上，而将电缆引燃。制粉系统安全门爆破引燃电缆；电缆上积的粉尘未及时清除长期聚热不散引燃电缆等。此外还有火灾蔓延、粉尘自燃、高温烘烤或其他火种等原因。

（三）电缆防火的主要措施

实现电缆难燃的基本途径有使电缆构成材料中的可燃物质尽

量减少，创造隔绝氧气、减少传导、遮断热辐射的条件，使电缆燃烧时形成厚的强固碳化层，以隔断可燃物质与氧气的接触，并增加燃烧过程中的冷制作用。根据以上几种基本途径，电缆防火可采用如下措施：

（1）使用耐火电缆和阻燃电缆。耐火电缆就是在火燃烧条件下仍能在规定时间（约4h）内保持通电的电缆。以满足万一发生火灾时通道的照明、应急广播、防火报警装置、自动消防设施及其他应急设备的正常使用，使人员及时疏散。在火灾发生期间，它还具备发烟量小，烟气毒性低等特点。在生产实践中广泛采用阻燃电缆，电缆火灾事故明显减少，保证了电厂及电网安全运行，具有明显的经济效益和社会效益。

（2）使用防火涂料。近年来，中国研制出了多种防火涂料，经国家鉴定合格的产品在实践中使用及证明效果良好。其中，丙烯酸涂料适用于不良环境；改性氨基涂料适用于潮湿环境；膨胀型过氯乙烯防火涂料的特点是遇火膨胀生成均匀致密的蜂窝状隔热层，有良好的隔热、耐水、耐油性。该涂料刷喷均可，但施工过程中必须隔绝火源，每隔8h涂刷一次，达到每平方米400～500g即可，但这种刷涂型防火涂料，在电缆密度大、长度长、空间小等场合使用不方便，且耗时费力，劳动强度大，影响施工工期。

（3）防火包带。国内生产的电缆防火包带，采取往复各一次的绕包方式缠绕在电缆上，水平布置达到了7层，经模型试验，显示出了有效的阻燃性能。这种材料用于局部防火要求高的地方效果特别好，能达到以较低费用而达到较好的防火效果。在实际工作中经常使用在电力电缆接头两侧及相邻电缆2～3m长的区段施加防火涂料或防火包带，可达到良好的防火要求。

（4）防火堵料。防火堵料是一种理想的电缆贯穿孔洞和防火墙的封堵材料，它能有效地阻止电缆火灾窜延。孔洞向邻室蔓延，该堵料其耐火性能甚好，基本不导热，一般封堵厚度为7～10cm即可达到耐火阻燃要求。此材料在电缆进墙孔，端子箱孔等孔洞处大量使用，既方便，效果又好，安全防火效果显著。

（5）阻火隔墙。用阻火隔墙将电缆隧道、沟道分成若干个阻火段，以达到尽可能缩小事故范围、减少损失的目的。阻火隔墙一般采用软性材料构筑，如采用轻型块类岩棉块、泡沫石棉块、硅酸盐纤维毡或絮状类如矿渣棉、硅酸纤维等，既便于在已敷好的电缆通道上堆砌封墙，又可在运行中轻易地更换电缆。试验表明，240mm 左右厚度的阻火墙显示出了屏障般的有效阻火能力。此外，沿阻火墙两侧电缆上紧邻 0.5～1m 范围，添加防火涂料或包带时，可不需设置通道防火门，这样能有效地防止电缆一旦着火时通过门孔穿出火焰和热气流的危险影响，解决了正常运行中隧道通风与防火的矛盾。

（6）耐火隔板。耐火隔板应用于封堵电缆贯穿孔洞，作为多层电缆层间分隔和各层防火罩，具有优良的特性。耐火隔板与耐火材料构成的竖井封堵层，不仅满足耐火性，且满足承载巡视人员的荷重，也便于增添更换电缆。

（7）阻燃桥架。电缆阻燃桥架，具有优良的耐火、隔热、阻燃自熄、耐腐蚀等特点，并能与各类金属直型桥架配套。

（8）电缆防火墙。防火隔墙可将长电缆隧道、电缆沟道分割成小区段，将着火区间尽量缩小，达到尽可能缩小事故范围、减少损失的作用。防火隔墙一般采用软性材料构筑，如采用轻型块类岩棉块、泡沫石棉块、硅酸盐纤维毡或絮状类如矿渣棉、硅酸纤维等，一般采用耐火隔板、硅酸铝纤维毡、防火堵料、防火涂料等。防火隔墙用矿碴棉筑成，既便于在已敷好的电缆通道上堆砌封墙，又可在运行中轻易地更换电缆。在隧道中与防火门配套使用。为了便于电缆新增与更换，防火隔墙应简易且便于拆卸。电缆隧道里起分隔作用的电缆防火墙厚度一般不应小于 240mm，防火墙要比电缆支架宽 100mm 以上，防火墙两侧还要有不小于 1000mm 的阻火段，才能有效地防止电缆火灾的串延。

（四）电缆火灾的扑救

（1）切断起火电缆电源。电缆着火燃烧，无论是何种原因引起的，都应立即切断电源，然后根据电缆经过的路径和特征，认真检查，找出电缆的故障点，同时应迅速组织人员进行扑救。

（2）电缆沟内起火非故障电缆电源的切断。当电缆沟中的电缆起火燃烧时，如果与其同沟并排敷设的电缆有明显的着火可能性，则应将这些电缆的电源切断。电缆若是分层排列，则首先将起火电缆上面的受热电缆电源切断，然后将与起火电缆并排的电缆电源切断，最后将起火电缆下面的电缆电源切断。

（3）关闭电缆沟隔火门或堵死电缆沟两端。当电缆沟内的电缆起火时，为了避免空气流通，以利迅速灭火，应将电缆沟的隔火门关闭或将两端堵死，采用窒息的方法灭火。

（4）做好扑灭电缆火灾时的人身防护。由于电缆起火燃烧会产生大量的浓烟和毒气，扑灭电缆火灾时，扑救人员应戴防毒面具。为防止扑救过程中的人身触电，扑救人员还应戴橡皮手套和穿上绝缘靴。

（5）用水灭电缆火灾时，应选用喷雾水枪。如果燃烧猛烈，待切断电源后，向沟内灌水熄火。

（6）扑救电缆火灾时，禁止接触和移动电缆，特殊情况必须用水带电灭火时，切记应在水枪头上，牢固地安装接地线，持枪者手的位置应在地线后，然后根据水压尽量远距离，放水扑救。

（五）事故案例

电缆一旦着火，燃烧速度快，火势凶猛，还会产生大量的有毒烟气，难以扑救，不但直接烧毁大量的电缆和设备，而且停机修复时间长，给人民生活和国民经济财产造成巨大的影响损失。

1991年11月18至11月30日仅半个月时间华北电网相继发生了石景山、陡河、神头电厂三起电缆火灾事故，烧损了大量电缆，造成7台20万机组长时间停运，损失巨大。

1996年3月26日，盘山电厂1机组由于给水泵6kV电缆接头短路爆破，使 410 多根电缆烧损，造成 1 机组打闸停机事故。

1999 年 6 月 28 日，牡丹江第二电厂室外电缆沟发生电缆着火，将沟内部分电缆烧损，220kV 失灵保护电缆线芯短路，造成 3 台机组全部跳闸，致使发电厂与电网解列，失去外来电源，导致全厂停电事故。其原因是一条 220kV 动力直流电缆存在缺陷，绝缘击穿，短路拉弧并引燃周围电缆，由于封堵不严扩大事故。

1988 年，某水电厂两次由于电焊火花掉入电缆沟内，引起沟内可燃物造成电缆着火，共破坏电缆 14000 根，直接经济损失达 10 多万元。

电缆火灾事故的频繁发生，严重威胁着电厂的安全生产和经济效益，做好消防安全工作的重点是在防字上下功夫，要杜绝电缆火灾事故的发生，首先就要摸清电缆的现状，长期过热、过载的电缆要立即更换，对于目前运行的塑料电缆，采用涂防火涂料，增加阻燃时间、使用防火绷带加装防火隔断和电缆槽盒，使用合格的阻燃堵料对电缆孔洞、竖井进行封堵，加装防火门等，重点部位要配备必要的消防设施，如火灾自动报警装置、自动灭火装置和悬挂式灭火包等。

第七章

紧急救护法

第一节　基　本　原　则

紧急救护的基本原则是在现场采取积极措施，保护伤员的生命，减轻伤情，减少痛苦，并根据伤情需要，迅速与医疗急救中心（医疗部门）联系救治。急救成功的关键是动作要快，操作正确。任何拖延和操作错误都会导致伤员伤情加重或死亡。

要认真观察伤员全身情况，防止伤情恶化。发现伤员意识不清、瞳孔扩大无反应、呼吸、心跳停止时，应立即在现场就地抢救，用心肺复苏法支持呼吸和循环，对脑、心等重要脏器供氧。心脏停止跳动后，只有分秒必争地迅速抢救，救活的可能性才较大。

现场工作人员都应定期接受培训，学会紧急救护法，会正确解脱电源，会心肺复苏法，会止血、包扎、固定，会转移搬运伤员，会处理急救外伤或中毒等。生产现场和经常有人工作的场所应配备急救箱，存放急救用品，并应指定专人经常检查、补充或更换。

第二节　触　电　急　救

触电急救应分秒必争，一经明确心跳、呼吸停止的，立即就地迅速用心肺复苏法进行抢救，并坚持不断地进行，同时及早与医疗急救中心（医疗部门）联系，争取医务人员接替救治。在医务人员未接替救治前，不应放弃现场抢救，更不能只根据没有呼吸或脉搏的表现，擅自判定伤员死亡，放弃抢救。只有医生有权作出伤员死亡的诊断。与医务人员接替时，应提醒医务人员在触电者转移到医院的过程中不得间断抢救。

一、脱离电源

触电急救，首先要使触电者迅速脱离电源，越快越好。因为电流作用的时间越长，伤害越重。脱离电源，就是要把触电者接触的那一部分带电设备的所有断路器（开关）、隔离开关（刀闸）或其他断路设备断开；或设法将触电者与带电设备脱离开。在脱离电源过程中，救护人员也要注意保护自身的安全。如触电者处于高处，应采取相应措施，防止该伤员脱离电源后自高处坠落形成复合伤。

（一）低压触电可采用下列方法使触电者脱离电源

（1）如果触电地点附近有电源开关或电源插座，可立即拉开开关或拔出插头，断开电源。但应注意拉线开关或墙壁开关等只控制一根线的开关，有可能因安装问题只能切断零线而没有断开电源的相线。

（2）如果触电地点附近没有电源开关或电源插座（头），可用有绝缘柄的电工钳或有干燥木柄的斧头切断电线，断开电源。

（3）当电线搭落在触电者身上或压在身下时，可用干燥的衣服、手套、绳索、皮带、木板、木棒等绝缘物作为工具，拉开触电者或挑开电线，使触电者脱离电源。

（4）如果触电者的衣服是干燥的，又没有紧缠在身上，可以用一只手抓住他的衣服，拉离电源。但因触电者的身体是带电的，其鞋的绝缘也可能遭到破坏，救护人不得接触触电者的皮肤，也不能抓他的鞋。

（5）若触电发生在低压带电的架空线路上或配电台架、进户线上时，对可立即切断电源的，则应迅速断开电源，救护者迅速登杆或登至可靠地方，并做好自身防触电、防坠落安全措施，用带有绝缘胶柄的钢丝钳、绝缘物体或干燥不导电物体等工具将触电者脱离电源。

（二）高压触电可采用下列方法之一使触电者脱离电源

（1）立即通知有关供电单位或用户停电。

（2）戴上绝缘手套，穿上绝缘靴，用相应电压等级的绝缘工具按顺序拉开电源开关或熔断器。

（3）抛掷裸金属线使线路短路接地，迫使保护装置动作，断开电源。注意抛掷金属线之前，应先将金属线的一端固定可靠接地，然后另一端系上重物抛掷，注意抛掷的一端不可触及触电者和其他人。另外，抛掷者抛出线后，要迅速离开接地的金属线 8m以外或双腿并拢站立，防止跨步电压伤人。在抛掷短路线时，应注意防止电弧伤人或断线危及人员安全。

（三）脱离电源后救护者应注意的事项

（1）救护人不可直接用手、其他金属及潮湿的物体作为救护工具，而应使用适当的绝缘工具。救护人最好用一只手操作，以防自己触电。

（2）防止触电者脱离电源后可能的摔伤，特别是当触电者在高处的情况下，应考虑防止坠落的措施。即使触电者在平地，也要注意触电者倒下的方向，注意防摔。救护者也应注意救护中自身的防坠落、摔伤措施。

（3）救护者在救护过程中特别是在杆上或高处抢救伤者时，要注意自身和被救者与附近带电体之间的安全距离，防止再次触及带电设备。电气设备、线路即使电源已断开，对未做安全措施挂上接地线的设备也应视为有电设备。救护人员登高时应随身携带必要的绝缘工具和牢固的绳索等。

（4）如事故发生在夜间，应设置临时照明灯，以便于抢救，避免意外事故，但不能因此延误切除电源和进行急救的时间。

（四）现场就地急救的方法

触电者脱离电源以后，现场救护人员应迅速对触电者的伤情进行判断，对症抢救。同时设法联系医疗急救中心（医疗部门）的医生到现场接替救治。要根据触电伤员的不同情况，采用不同的急救方法。

（1）触电者神志清醒、有意识，心脏跳动但呼吸急促、面色苍白，或曾一度电休克，但未失去知觉。此时不能用心肺复苏法抢救，应将触电者抬到空气新鲜、通风良好的地方躺下，安静休息 1～2h，让他慢慢恢复正常。天凉时要注意保温，并随时观察呼吸、脉搏变化。条件允许送医院进一步检查。

（2）触电者神志不清，判断意识无，有心跳，但呼吸停止或极微弱时，应立即用仰头抬颏法，使气道开放并进行口对口人工呼吸。此时切记不能对触电者施行心脏按压。如此时不及时用人工呼吸法抢救，触电者将会因缺氧过久而引起心跳停止。

（3）触电者神志丧失，判定意识无，心跳停止，但有极微弱的呼吸时，应立即施行心肺复苏法抢救。不能认为尚有微弱呼吸，只需做胸外按压，因为这种微弱呼吸已起不到人体需要的氧交换作用，如不及时人工呼吸即会发生死亡，若能立即施行口对口人工呼吸法和胸外按压，就能抢救成功。

（4）触电者心跳、呼吸停止时，应立即进行心肺复苏法抢救，不得延误或中断。

（5）触电者和雷击伤者心跳、呼吸停止，并伴有其他外伤时，应先迅速进行心肺复苏急救，然后再处理外伤。

（6）发现杆塔上或高处有人触电，要争取时间及早在杆塔上或高处开始抢救。

（7）触电者衣服被电弧光引燃时，应迅速扑灭其身上的火源，着火者切忌跑动，方法可利用衣服、被子、湿毛巾等扑火，必要时可就地躺下翻滚，使火扑灭。

触电者脱离电源后，应迅速将伤员扶卧在救护人的安全带上（或在适当地方躺平），然后根据伤者的意识、呼吸及颈动脉搏动情况来进行前（1）～（5）项不同方式的急救。应提醒的是，高处抢救触电者，迅速判断其意识和呼吸是否存在是十分重要的。若呼吸已停止，开放气道后立即口对口（鼻）吹气 2 次，再测试颈动脉，如有搏动，则每 5s 继续吹气 1 次；若颈动脉无搏动，可用空心拳头叩击心前区 2 次，促使心脏复跳。为使抢救更为有效，应立即设法将伤员营救至地面，并继续按心肺复苏法坚持抢救。

1）单人营救法。首先在杆上安装绳索，将绳子的一端固定在杆上，固定时绳子要绕 2～3 圈，绳子的另一端系在触电者的腋下。绑的方法是先用柔软的物品垫在腋下，然后用绳子环绕一圈，打三个靠结，绳头塞进触电者腋旁的圈内并压紧，绳子的长度应为杆的 1.2～1.5 倍。最后将触电者的脚扣和安全带松开，再解开固定在电杆上的绳子，缓缓地将触电者放下。

2）双人营救法。双人营救法基本上与单人营救方法相同，只是绳子的另一端由杆下人员握住缓缓下放，此时绳子要长一些，应为杆高的 2.2～2.5 倍。营救人员要协调一致，防止杆上人员突然松手，杆下人员没有准备而发生意外。

二、伤员脱离电源后的处理

（1）判断伤员有无意识：轻轻拍打伤员肩部，高声喊叫。如认识，可直呼喊其姓名。若有意识，立即送医院救治。若眼球固定、瞳孔散大，无反应时，立即用手指甲掐压人中穴、合谷穴约 5s。以上三步动作应在 10s 以内完成，不可太长，伤员如出现眼球活动、四肢活动及疼痛感后，应立即停止掐压穴位，拍打肩部不可用力太重，以防加重可能存在的骨折等损伤。

（2）紧急呼救：一旦初步确定伤员意识丧失，应立即招呼周围的人前来协助抢救，哪怕周围无人，也应该大叫"来人啊!救命啊!"。另外，急救时一定要呼叫其他人来帮忙，因为一个人作心肺复苏不可能坚持较长时间，而且劳累后动作易走样。叫来的人除协助作心肺复苏外，还应立即打电话给救护站或呼叫受过救护训练的人前来帮忙。

（3）放置体位：正确的抢救体位是仰卧位。患者头、颈、躯干平卧无扭曲，双手放于两侧躯干旁。如伤员摔倒时面部向下，应在呼救同时小心地将其转动，使伤员全身各部成一个整体。尤其要注意保护颈部，可以一手托住颈部，另一手扶着肩部，以脊柱为轴心，使伤员头、颈、躯干平稳地直线转至仰卧，在坚实的平面上，四肢平放。

如图 7-1 所示为伤员脱离电源后的处理示意图。

判断伤员有无意识　　　　　　大声呼救　　　　　　放置伤员

图 7-1　伤员脱离电源后的处理示意图

注意事项：抢救者跪于伤员肩颈侧旁，将其手臂举过头，拉直双腿，注意保护颈部。解开伤员上衣，放置伤员暴露胸部（或仅留内衣），冷天要注意使其保暖。

（4）通畅气道：当发现触电者呼吸微弱或停止时，应立即通畅触电者的气道以促进触电者呼吸或便于抢救。通畅气道主要采用仰头举颌法，即一手置于前额使头部后仰，另一手的食指与中指置于下颌骨近下颏角处，抬起下颌，如图 7-2 所示。

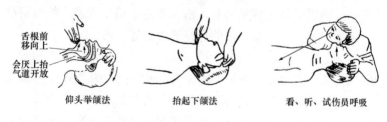

舌根前
移向上
会厌上抬
气道开放

仰头举颌法　　　　　　抬起下颌法　　　　　　看、听、试伤员呼吸

图 7-2　畅通气道、判断呼吸

注意事项：严禁用枕头等物垫在伤员头下，手指不要压迫伤员颈前部、颏下软组织，以防压迫气道，颈部上抬时不要过度伸

展，有假牙托者应取出。儿童颈部易弯曲，过度抬颈反而使气道闭塞，因此不要抬颈牵拉过甚。成人头部后仰程度应为 90°，儿童头部后仰程度应为 60°，婴儿头部后仰程度应为 30°，颈椎有损伤的伤员应采用双下颌上提法。检查伤员口、鼻腔，如有异物立即用手指清除。

（5）判断呼吸：触电伤员如意识丧失，应在开放气道后 10s 内用看、听、试的方法判定伤员有无呼吸，一看伤员的胸、腹壁有无呼吸起伏动作；二用耳贴近伤员的口鼻处，听有无呼气声音；三用颜面部的感觉测试口鼻部有无呼气气流，如图 7-2 所示。

若无上述体征可确定无呼吸。一旦确定无呼吸后立即进行人工呼吸。当判断伤员确实不存在呼吸时，应即进行口对口（鼻）的人工呼吸，其具体方法如下：

1）在保持呼吸通畅的位置下进行。用按于前额一手的拇指与食指，捏住伤员鼻孔（或鼻翼）下端，以防气体从口腔内经鼻孔逸出，施救者深吸一口气屏住并用自己的嘴唇包住（套住）伤员微张的嘴。

2）每次向伤员口中吹气持续 1～1.5s，同时仔细地观察伤员胸部有无起伏，如无起伏，说明气未吹进，如图 7-3 所示。

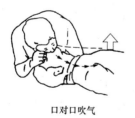

口对口吹气　　　　　　　口对口吸气

图 7-3　人工呼吸

3）一次吹气完毕后，应立即与伤员口部脱离，轻轻抬起头部，面向伤员胸部，吸入新鲜空气，以便做下一次人工呼吸。同时使伤员的口张开，捏鼻的手也可放松，以便伤员从鼻孔通气，观察伤员胸部向下恢复时，则有气流从伤员口腔排出，如图 7-3 所示。

抢救一开始，应立即向伤员先吹气两口，吹气时胸廓隆起者人工呼吸有效；吹气无起伏者，则气道通畅不够，或鼻孔处漏气、或吹气不足、或气道有梗阻，应及时纠正。

注意事项：①每次吹气量不要过大，约 600mL，大于 1200mL 会造成胃扩张；②吹气时不要按压胸部，如图 7-3 所示；③儿童伤员需视年龄不同而异，其吹气量约为 500mL，以胸廓能上抬时为宜；④抢救一开始，首次吹气两次，每次时间 1~1.5s；⑤有脉搏无呼吸的伤员，则每 5s 吹一口气，每分钟吹气 12 次；⑥口对鼻的人工呼吸，适用于难以采用口对口吹气法，有严重的下颌及嘴唇外伤、牙关紧闭、下颌骨骨折等情况的伤员；⑦婴、幼儿急救操作时要注意，因婴、幼儿韧带、肌肉松弛，故头不可过度后仰，以免气管受压，影响气道通畅，可用一手托颈，以保持气道平直；另一方面婴、幼儿口鼻开口均较小，位置又很靠近，抢救者可用口贴住婴、幼儿口与鼻的开口处，施行口对口、鼻呼吸。

（6）脉搏判断：在检查伤员的意识、呼吸、气道之后，应对伤员的脉搏进行检查，以判断伤员的心脏跳动情况（非专业救护人员可不进行脉搏检查，对无呼吸、无反应、无意识的伤员立即实施心肺复苏），具体方法如下：

1）在开放气道的位置下进行（首次人工呼吸后）。

2）一手置于伤员前额，使头部保持后仰，另一手在靠近抢救者一侧触摸颈动脉。

3）可用食指及中指指尖先触及气管正中部位，男性可先触及喉结，然后向两侧滑移 2~3cm，在气管旁软组织处轻轻触摸颈动脉搏动，如图 7-4 所示。

注意事项：①触摸颈动脉不能用力过大，以免推移颈动脉，妨碍触及；②不要同时触摸两侧颈动脉，造成头部供血中断；③不要压迫气管，造成呼吸道阻塞；④检查时间不要超过 10s；⑤未触及搏动：心跳已停止，或触摸位置有错误；触及搏动：有脉搏、心跳，或触摸感觉错误（可能将自己手指的搏动感觉为伤员脉搏）；

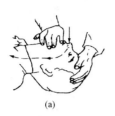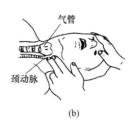

(a) (b)

图 7-4 触摸颈动脉（搏）

(a) 触摸颈动脉；(b) 触摸颈动脉搏

⑥判断应综合审定，如无意识、无呼吸、瞳孔散大，面色紫绀或苍白，再加上触不到脉搏，可以判定心跳已经停止；⑦婴、幼儿因颈部肥胖，颈动脉不易触及，可检查肱动脉。肱动脉位于上臂内侧腋窝和肘关节之间的中点，用食指和中指轻压在内侧，即可感觉到脉搏。

（7）胸外心脏按压：对心跳停止者未进行按压前，先手握空心拳，快速垂直击打伤员胸前区胸骨中下段 1～2 次，每次 1～2s，力量中等，胸骨若无效，则立即胸外心脏按压，不能耽误时间。按压部位为胸骨中 1/3 与下 1/3 交界处［见图 7-5（a）］，按压时，伤员应仰卧于硬板床或地上。如为弹簧床，则应在伤员背部垫一块硬板，硬板长度及宽度应足够大，以保证按压胸骨时，伤员身体不会移动。但不可因找寻垫板而延误开始按压的时间。

1）测定按压部位。首先触及伤员上腹部，以食指及中指沿伤员肋弓处向中间移滑［见图 7-5（b）所示］，在两侧肋弓交点处寻找胸骨下切迹。以切迹作为定位标志。不要以剑突下定位，然后将食指及中指两横指放在胸骨下切迹上方，食指上方的胸骨正中部即为按压区［见图 7-5（c）］，以另一手的掌根部紧贴食指上方，放在按压区［如图 7-5（d）］，再将定位之手取下，重叠将掌根放于另一手背上，两手手指交叉抬起，使手指脱离胸壁［如图 7-5（e）］。

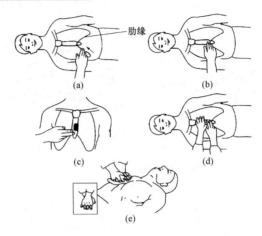

图 7-5　胸外心脏按压

（a）快速测定按压部位；（b）二指沿肋弓向中间移滑；（c）按压区；

（d）掌根部放在按压区；（e）重叠掌根

2）按压姿势。抢救者双臂绷直，双肩在伤员胸骨上方正中，靠自身重量垂直向下按压见图 7-6。

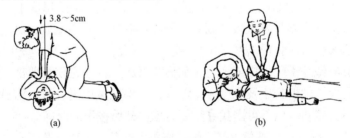

图 7-6　心肺复苏法按压姿势

（a）单人复苏法；（b）双人复苏法

3）按压用力方式。按压应平稳，有节律地进行，不能间断，不能冲击式的猛压。下压及向上放松的时间应相等，压按至最低点时，应有一明显的停顿。按压时应垂直用力向下，不要左右摆动。放松时定位的手掌根部不要离开胸骨定位点，但应尽量放松，务使胸骨不受任何压力。按压频率应保持在 100 次/min 左右。在按压的同时，若施以人工呼吸的，其比例关系通常是成人为 30:2，婴儿、儿童为 15:2。按压深度通常是成人伤员为 4～5cm，5～13 岁伤员为 3cm，婴幼儿伤员为 2cm。

4）胸外心脏按压常见的错误：①按压除掌根部贴在胸骨外，手指也压在胸壁上，这容易引起骨折；②按压定位不正确，向下易使剑突受压折断而致肝脏破裂，向两侧易致肋骨或肋软骨骨折，导致气胸、血胸；③按压用力不垂直，导致按压无效或肋软骨骨折，特别是摇摆式按压更易出现严重并发症［见图 7-7（a）］；④抢救者按压时肘部弯曲，因而用力不够，按压深度达不到 3.8～5cm［见图 7-7（b）］；⑤冲击式按压，其效果差，且易导致骨折；放松时抬手离开胸骨定位点，造成下次按压部位错误，也容易引起骨折；放松时未能使胸部充分松驰，胸部仍承受压力，使血液难以回到心脏；按压速度不自主的加快或减慢，影响按压效果；双手掌不是重叠放置，而是交叉放置，都是常见的错误［见图 7-7（c）］。

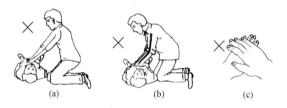

图 7-7　胸外心脏按压常见的错误

（a）按压用力不垂直；（b）按压深度不够；（c）双手掌交叉位置

（8）心肺复苏法：心肺复苏法是指伤者因各种原因（如触电）造成心跳、呼吸突然停止后，他人采取措施使其恢复心跳、呼吸功能的一种系统的紧急救护法，主要包括气道畅通、口对口人工呼吸、胸外心脏按压及所出现的并发症的预防等。

1）操作过程。首先判断昏倒的人有无意识。如无反应，立即呼救，叫"来人啊!救命啊!"等，然后迅速将伤员放置于仰卧位，并放在地上或硬板上，开放气道（①仰头举颏或颌；②清除口、鼻腔异物），判断伤员有无呼吸（通过看、听和感觉来进行），如无呼吸，立即口对口吹气两次，使伤员保持头后仰，另一手检查颈动脉有无搏动。如有脉搏，表明心脏尚未停跳，可仅做人工呼吸，每分钟 12～16 次；如无脉搏，立即在正确定位下在胸外按压位置进行心前区叩击 1～2 次。叩击后再次判断有无脉搏，如有脉搏即表明心跳已经恢复，可仅做人工呼吸即可。如无脉搏，立即在正确的位置进行胸外按压。每做 30 次按压，需做 2 次人工呼吸，然后再在胸部重新定位；再做胸外按压，如此反复进行，直到协助抢救者或专业医务人员赶来。按压频率为 100 次/min，开始 2min 后检查一次脉搏、呼吸、瞳孔，以后每 4～5min 检查一次，检查不超过 5s，最好由协助抢救者检查。如有担架搬运伤员，应该持续做心肺复苏，中断时间不超过 5s。

2）操作的时间要求。

0～5s：判断意识。

5～10s：呼救并放好伤员体位。

10～15s：开放气道，并观察呼吸是否存在。

15～20s：口对口呼吸 2 次。

20～30s：判断脉搏。

30～50s：进行胸外心脏按压 30 次，再人工呼吸 2 次，以后连续反复进行。

以上程序尽可能在 50s 以内完成，最长不宜超过 1min。

3）双人心肺复苏法操作要求。两人应协调配合，吹气应在胸外按压的松弛时间内完成。按压频率为 100 次/min。按压与呼吸比例为 30:2，即 30 次心脏按压后，进行 2 次人工呼吸。为达到配合默契，可由按压者数口诀"1、2、3、4、…、29、吹"，当吹气者听到"29"时，做好准备，听到"吹"后，即向伤员嘴里吹气，按压者继而重数口诀"1、2、3、4、…、29、吹"，如此周而复始循环进行。人工呼吸者除需通畅伤员呼吸道、吹气外，还应经常触摸其颈动脉和观察瞳孔等。

4）心肺复苏法注意事项。吹气不能在向下按压心脏的同时进行。数口诀的速度应均衡，避免快慢不一。操作者应站在触电者侧面便于操作的位置，单人急救时应站立在触电者的肩部位置；双人急救时，吹气人应站在触电者的头部一侧，按压心脏者应站在触电者胸部，但与吹气者相对的一侧。人工呼吸者与心脏按压者可以互换位置，互换操作，但中断时间不超过 5%。第二抢救者到现场后，应首先检查颈动脉搏动，然后再开始做人工呼吸。如心脏按压有效，则应触及到搏动，如不能触及，应观察心脏按压者的技术操作是否正确，必要时应增加按压深度及重新定位。可以由第三抢救者及更多的抢救人员轮换操作，以保持精力充沛、姿势正确。

5）心肺复苏的有效指标。心肺复苏术操作是否正确，主要靠平时严格训练，掌握正确的方法。而在急救中判断复苏是否有效，可以根据以下几个方面综合考虑：

a. 瞳孔。复苏有效时，可见伤员瞳孔由大变小。如瞳孔由小变大、固定、角膜混浊，则说明复苏无效。

b. 面色（口唇）。复苏有效，可见伤员面色由紫绀转为红润，如若变为灰白，则说明复苏无效。

c. 颈动脉搏动。按压有效时，每一次按压可以摸到一次搏动，如若停止按压，搏动亦消失，应继续进行心脏按压；如若停止按压后，脉搏仍然跳动，则说明伤员心跳已恢复。

d. 神志。复苏有效，可见伤员有眼球活动，睫毛反射与对光反射出现，甚至手脚开始抽动，肌张力增加。

e. 出现自主呼吸。伤员自主呼吸出现，并不意味可以停止人工呼吸。如果自主呼吸微弱，仍应坚持口对口呼吸。

（9）转移和终止。在现场抢救时，应力争抢救时间，切勿为了方便或让伤员舒服去移动伤员，从而延误现场抢救的时间。现场心肺复苏应坚持不断地进行，抢救者不应频繁更换，即使送往医院途中也应继续进行。鼻导管给氧绝不能代替心肺复苏术。如需将伤员由现场移往室内，中断操作时间不得超过 7s；通道狭窄、上下楼层、送上救护车等的操作中断不得超过 30s。将心跳、呼吸恢复的伤员用救护车送医院时，应在伤员背部放一块长、宽适当的硬板，以备随时进行心肺复苏。将伤员送到医院而专业人员尚未接手前，仍应继续进行心肺复苏。不论在什么情况下，终止心肺复苏，决定于医生或医生组成的抢救组的首席医生，否则不得放弃抢救。高压或超高压电击的伤员心跳、呼吸停止，更不应随意放弃抢救。

（10）电击伤伤员的心脏监护。被电击伤并经过心肺复苏抢救成功的电击伤员，都应让其充分休息，并在医务人员指导下进行不少于 48h 的心脏监护。因为伤员在被电击过程中，由于电压、电流、频率的直接影响和组织损伤而产生的高钾血症，以及由于缺氧等因素引起的心肌损害和心律失常，经过心肺复苏抢救，在心跳恢复后，有的伤员还可能会出现"继发性心脏跳动停止"症状，故应进行心脏监护，以对心律失常和高钾血症的伤员及时予以治疗。

（11）抢救过程注意事项。

1）在进行人工呼吸和急救前，应迅速将触电者衣扣、领带、腰带等解开，清除口腔内假牙、异物、黏液等，保持呼吸道畅通。

2）不要使触电者直接躺在潮湿或冰冷地面上急救。

3）人工呼吸和急救应连续进行，换人时节奏要一致。如果触电者有微弱自主呼吸时，人工呼吸还要继续进行，但应和触电者的自主呼吸节奏一致，直到呼吸正常为止。

4）现场触电抢救，对采用肾上腺素等药物应持慎重态度。如没有必要的诊断设备条件和足够的把握，不得乱用。在医院内抢救触电者时，由医务人员经医疗仪器设备诊断，根据诊断结果决定是否采用。

5）对触电者的抢救要坚持进行。发现瞳孔放大、身体僵硬，应经医生诊断，确认死亡方可停止抢救。

（12）抢救过程中的再判定。

1）按压吹气 2min 后（相当于单人抢救时做了 5 个 30:2 压吹循环），应用看、听、试方法在 5～10s 内完成对伤员呼吸和心跳是否恢复的再判定。

2）若判定颈动脉已有搏动但无呼吸，则暂停胸外按压，而再进行 2 次口对口人工呼吸，接着每 5s 吹气一次（即每分钟 12 次）。如脉搏和呼吸均未恢复，则继续坚持心肺复苏法抢救。

3）在抢救过程中，要每隔数分钟再判定一次，每次判定时间均不得超过 5～10s。在医务人员未接替抢救前，现场抢救人员不得放弃现场抢救。

第三节 创 伤 急 救

一、创伤急救的基本要求

创伤急救原则上是先抢救、后固定、再搬运，并注意采取措施，防止伤情加重或污染。需要送医院救治的，应立即做好保护伤员措施后送医院救治。急救成功的条件是动作快，操作正确，任何延迟和误操作均可加重伤情，并可导致死亡。

二、创伤急救的基本方法

抢救前先使伤员安静躺平，判断全身情况和受伤程度，如有无出血、骨折和休克等。外部出血立即采取止血措施，防止失血过多而休克。外观无伤，但呈休克状态，神志不清或昏迷者，要考虑胸腹部内脏或脑部受伤的可能性。为防止伤口感染，应用清洁布片覆盖。救护人员不得用手直接接触伤口，更不得在伤口内填塞任何东西或随便用药。搬运时应使伤员平躺在担架上，腰部束在担架上，防止跌下。平地搬运时伤员头部在后。上楼、下楼、下坡时头部在上。搬运中应严密观察伤员，防止伤情突变。伤员

137

搬运时的方法如图 7-8 所示。

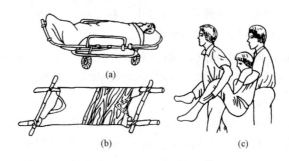

图 7-8　伤员搬运方法

（a）伤员平卧；（b）担架；（c）搬运

若怀疑伤员有脊椎损伤（高处坠落者），在放置体位及搬运时必须保持脊柱不扭曲、不弯曲，应将伤员平卧在硬质平板上，并设法用沙土袋（或其他代替物）放置头部及躯干两侧以适当固定之，以免引起截瘫。

（1）止血急救。伤口渗血时，用较伤口稍大的消毒纱布数层覆盖伤口，用止血带或弹性较好的布带等止血时，应先用柔软布片或伤员的衣袖等数层垫在止血带下面，再包扎。若包扎后仍有较多渗血，可再加绷带适当加压止血。伤口出血呈喷射状或鲜红血液涌出时，立即用清洁手指压迫出血点上方（近心端），使血流中断，并将出血肢体抬高或举高，以减少出血量。用止血带止血时，扎紧止血带，以刚使肢端动脉搏动消失为度。上肢每 60min、下肢每 80min 放松一次，每次放松 1～2min。开始扎紧与每次放松的时间均应书面标明在止血带旁。扎紧时间不宜超过 4h。不要在上臂 1/3 处和腋窝下使用止血带，以免损伤神经。若放松时观察已无大出血可暂停使用。

严禁用电线、铁丝、细绳等作止血带使用。高处坠落、撞击、挤压可能有胸腹内脏破裂出血，受伤者外观无出血但常表现面色苍白，脉搏细弱，气促，冷汗淋漓，四肢厥冷，烦躁不安，甚至神志不清等休克状态，应迅速躺平，抬高下肢（见图7-9），保持温暖，速送医院救治。若送院途中时间较长，可给伤员饮用少量糖盐水。

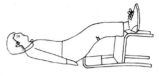

图 7-9 胸腹内脏破裂出血

（2）骨折急救。肢体骨折可用夹板、木棍或竹竿等将断骨上、下方两个关节固定（见图7-10），也可利用伤员身体进行固定，避免骨折部位移动，以减少疼痛，防止伤势恶化。开放性骨折，伴有大出血者，先止血、再固定，并用干净布片覆盖伤口，然后速送医院救治。切勿将外露的断骨推回伤口内。疑有颈椎损伤时，在使伤员平卧后，用沙土袋（或其他代替物）放置头部两侧［见图7-11（a）］使颈部固定不动。应进行口对口呼吸时，只能采用抬颏使气道通畅，不能再将头部后仰移动或转动头部，以免引起截瘫或死亡。

上肢骨折固定

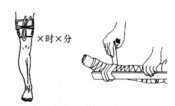
下肢骨折固定

图 7-10 骨折急救方法

腰椎骨折应将伤员平卧在平硬木板上，并将腰椎、躯干及两侧下肢一同进行固定［见图7-11（b）］，预防瘫痪。搬动时应数人合作，保持平稳，不能扭曲。

（3）颅脑外伤急救。应使伤员采取平卧位，保持气道通畅，若有呕吐，应扶好头部和身体，使头部和身体同时侧转，防止呕吐物造成窒息。耳鼻有液体流出时，不要用棉花堵塞，只可轻轻拭去，以利于降低颅内压力。也不可用力擤鼻，排除鼻内液体，或将液体再吸入鼻内。

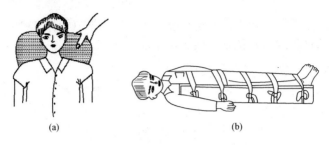

(a)　　　　　　　　　　　　(b)

图 7-11　颈椎、腰椎骨折固定方法

（a）颈椎损伤固定；（b）腰椎骨折固定

颅脑外伤时，病情可能复杂多变，禁止给予饮食，速送医院诊治。

（4）烧伤急救。电灼伤、火焰烧伤或高温气、水烫伤均应保持伤口清洁。伤员的衣服鞋袜用剪刀剪开后除去。伤口全部用清洁布片覆盖，防止污染。四肢烧伤时，先用清洁冷水冲洗，然后用清洁布片或消毒纱布覆盖送医院。强酸或碱灼伤应迅速脱去被溅染衣物，现场立即用大量清水彻底冲洗，要彻底，然后用适当的药物给予中和；冲洗时间不少于 10min；被强酸烧伤应用 5%碳酸氢钠（小苏打）溶液中和；被强碱烧伤应用 0.5%～5%醋酸溶液或 5%氯化铵或 10%枸橼酸液中和。未经医务人员同意，灼伤部位不宜敷搽任何东西和药物。在送医院途中，可给伤员多次少量口服糖盐水。

（5）冻伤急救。冻伤使肌肉僵直，严重者深及骨骼，在救护搬运过程中动作要轻柔，不要强使其肢体弯曲活动，以免加重损伤，应使用担架，将伤员平卧并抬至温暖室内救治。将伤员身上潮湿的衣服剪去后用干燥柔软的衣服覆盖，不得烤火或搓雪。全身冻伤者呼吸和心跳有时十分微弱，不应误认为死亡，应努力抢救。

（6）动物咬伤急救。毒蛇咬伤后，不要惊慌、奔跑、饮酒，以免加速蛇毒在人体内扩散。咬伤大多在四肢，应迅速从伤口上端向下方反复挤出毒液，然后在伤口上方（近心端）用布带扎紧，将伤肢固定，避免活动，以减少毒液的吸收。有蛇药时可先服用，再送往医院救治。

犬咬伤后应立即用浓肥皂水或清水冲洗伤口至少 15min，同时用挤压法自上而下将残留伤口内唾液挤出，然后再用碘酒涂搽伤口。少量出血时，不要急于止血，也不要包扎或缝合伤口，应尽量设法查明该犬是否为"疯狗"，对医院制订治疗计划有较大帮助。

（7）溺水急救。发现有人溺水应设法迅速将其从水中救出，呼吸心跳停止者用心肺复苏法持续抢救。曾受过水中抢救训练者在水中即可抢救。口对口人工呼吸因异物阻塞发生困难，而又无法用手指除去时，可用两手相叠，置于脐部稍上正中线上（远离剑突）迅速向上猛压数次，使异物退出，但不能用力太大。溺水死亡的主要原因是窒息缺氧，由于淡水在人体内能很快经循环吸收，而气管能容纳的水量很少，因此在抢救溺水者时不能因"倒水"而延误抢救时间，更不应仅"倒水"而不用心肺复苏法进行抢救。

（8）高温中暑急救。烈日直射头部，环境温度过高，饮水少或出汗过多等可以引起中暑现象，其症状一般为恶心、呕吐、胸闷、眩晕、嗜睡、虚脱，严重时抽搐甚至昏迷。遇到中暑者时，应立即将病员从高温或暴晒环境转移到阴凉通风处休息。用冷水擦浴，湿毛巾覆盖身体，电扇吹风或放置冰袋等方法降温，并及时给病员口服盐水。严重者送医院治疗。

（9）有害气体中毒急救。气体中毒开始时会有流泪、眼痛、呛咳、咽部干燥等症状，应引起警惕。稍重时会头痛、气促、胸闷、眩晕。严重时会引起惊厥昏迷。怀疑可能存在有害气体时，应立即将人员撤离现场，并转移到通风良好处休息。抢救人员进入险区应戴防毒面具。对于已昏迷病员应保持气道通畅，有条件时给予氧气吸入。呼吸心跳停止者，按心肺复苏法抢救，并联系医院救治。应迅速查明有害气体的名称，供医院及早对症治疗。

第八章

事 故 案 例

电力事故是因电力系统设备故障或者人员工作失误，影响电能供应的质量超过规定范围的事件。重大电力事故会造成人身伤亡及国家财产的损失。所以必须加强电力生产现场管理，规范各类工作人员的行为，保证人身、电网和设备安全。

案例一　电 击 事 故

一、事故简介

工作过程中组织混乱，作业过程中失去监护，违规操作，造成员工触电人身死亡事故。

二、事故经过

某年 5 月 15 日，某电业局电厂留守处，按计划对 110kV 变压器进行部分设备年检，办理了第一种工作票，主要工作任务为：10kV 314、312、308、306、302 开关柜小修、例行试验和保护全检等工作，以及 3×24TV（电压互感器）本体小修和例行试验等工作。8 时 30 分，运行人员操作完毕，布置好安全措施，许可开工。8 时 40 分，工作负责人向现场 9 名工作人员进行工作交底，随后开始 10kV II 段母线设备年检作业。按照作业指导书分工，开关班 4 人进行开关检修工作，其余人员进行高压试验和保护检验工作。工作开始后，工作负责人安排开关班成员刚某（死者）进行 314 小车清扫，其余 1 人进行 312 间隔检修，1 人到屏后用开关柜专用内六角扳手打开 302、306、308、312、314 5 个间隔的后下柜门，1 人在屏后进行柜内清扫。随后工作负责人回到屏前向高压试验人员交代相关工作。负责打开后柜门的人员将下柜门打开后，把专用扳手随手放在 312 间隔的后柜门边的地上，到屏前协助检修 312 间隔。刚某清扫完 314 小车后，自行走到屏后，移开拦住 3×24TV 后柜门的安全遮栏，用放在地上的专用扳手卸下 3×24TV 后柜门 2 颗螺丝，打开后柜门准备进行清扫，9 时 06 分，开关柜内带电母排 B 相对其放电，9 时 38 分，经抢救无效死亡。

三、原因分析

（1）刚某在未经工作负责人安排或许可的情况下，自行走到屏后，擅自移开 3×24TV 开关屏后所设安全遮栏，无视 3×24TV 屏后门上悬挂的"止步，高压危险"警示，打开 3×24TV 后柜门，造成触电。

（2）工作负责人班前交底有遗漏，对工作票上的"3×24TV 后柜门内设备带 10kV 电压"漏交代，对现场工作人员监护不到位。

（3）工作票签发人没有针对屏前和屏后均有工作的情况，增设相应的监护人。

（4）3×24TV 开关柜"五防"闭锁功能不完善，没有采取相应的控制措施，不能起到防止误入带电间隔的作用。

四、事故暴露问题

（1）现场作业组织混乱。对于多小组、多地点的作业，没有明确小组负责人的安全职责或根据现场实际增设监护人，作业过程中工作人员失去监护。工作开工前交底走过场、形式化，对作业风险、危险部位、人员分工等交代不仔细，不明确。

（2）标准化作业流于形式，作业指导书针对性不强，风险辨识照抄范本，对带电部位和"五防"功能不全等风险缺少相应的辨识和控制措施。

（3）专用操作工具使用管理制度不完善，检修人员可以随时取用专用扳手，随意打开后柜门。

（4）安全教育培训不到位，员工安全意识淡薄。

（5）反违章活动和隐患排查治理活动落实不到位，现场存在严重违章行为，存在装置隐患和管理隐患。

案例二 感应电击事故

一、事故简介

2012 年 5 月 26 日，某输电公司 500kV 某二回停电检修时因感应电触电导致 1 人死亡。

二、事故经过

5 月 26 日，某输电公司根据线路检修计划对 500kV 某二回419～735 号杆塔进行停电检修，主要任务是绝缘子清扫和线路消缺。11 时 19 分左右，工作班成员金某接到许可工作命令后，开始在 462 号杆塔挂设个人保安线，准备进行清扫绝缘子串作业。金某在挂设好保安线后，准备取工具包转移作业点时，身体意外失去平衡，右手失手抓住了保安线，导致保安线的接地端从塔材上脱出，接地端击中其左胸部，感应电经胸部泄放，金某因电击休克死亡。

三、事故分析

（1）未严格落实安全生产"三个百分之百"要求。

（2）作业人员技术素质不高，安全意识不强。

（3）危险点分析不到位。

（4）监护人监护不到位。

（5）个人保安线设计不合理，因意外而导致脱落。

四、防范措施

（1）及时向全公司职工通报情况，组织安全学习，进一步分析事故原因，吸取教训，举一反三，提出整改及防范措施。

（2）加强高处作业人员的综合技能培训。特别是要加强线路作业人员的技能培训。对技术素质不过硬，综合素质不高的作业人员，必须经理论学习和技能再培训，考核合格后方可参加作业。

（3）加强现场作业过程中危险点分析和控制。针对不同专业，不同工作任务，开展危险点分析，制订可行的作业指导书、作业卡。

（4）认真执行工作票制度。

（5）对个人保安线进行改进，保证在安装完毕后不会因意外而导致脱落。

案例三 高空坠落物体打击事故

一、案例简介
某送电工在起吊施工中被坠落绝缘子串打击死亡。

二、事故经过
某年 4 月 10 日，某送电工区线路二班根据工区安排，对 220kV 某线路进行检修工作，其中 33 号铁塔更换绝缘子的工作由梅某担任组长，塔上工作人员由三人担任，地勤人员有任某、熊某等 5 人。工作票办好接到可以工作的命令后，上午 9 时开始工作，10 时 30 分左右，塔上工作人员用常规方法将 15mm 的白棕绳两端打好结头形成循环，由杆上和杆下分别将新、旧绝缘子串绑扎好后，采用循环吊方式将旧绝缘子串放下，新绝缘子串吊上。当新绝缘子串上升到接近铁塔下横担（离地面约 18m）时，熊某从重物（新绝缘子串）下通过，正遇上白棕绳结头滑脱，新绝缘子串从高处坠落，击中熊某头部（安全帽被砸烂），送医院途中死亡。

三、事故原因
（1）部分职工群体安全意识淡漠，习惯性违章严重，组织纪律性不强，自我防护意识差。

（2）工程承包方在施工中未提前在施工工地设置安全通道，施工人员拆除脚手架管件随意搁置，未采取可靠的防滑落措施。

四、防范措施

（1）认真贯彻"安全第一、预防为主"的方针，制订切实有效的防范措施，限期整改，遏制事故苗头，杜绝类似事故再次发生。

（2）加强安全教育，提高职工相互间安全意识和自我保护意识，认真落实各级安全生产责任制，对司空见惯的违章行为要坚决严厉查处，使职工养成"遵章守纪，有章必循"的良好工作习惯。

（3）坚持行之有效的安全生产制度，严格贯彻施工安全设施标准化作业来施工，发现隐患和问题后及时下达整改通知书并验收。

（4）完善施工现场防护设施和安全警示标志，抓好安全预防措施的落实，规范现场物品摆放，对防高空落物坠落措施进行完善。

案例四　爆炸着火伤害事故

一、事故简介

1994 年 8 月 7 日，某发电厂检修人员在处理风扇磨分离器堵塞工作时，安全意识不强，无票作业，在没有采取与系统隔断措施情况下进行工作，锅炉运行中发生正压，分离器煤粉爆燃，造成 1 人死亡，1 人重伤。

二、事故经过

某发电厂 4 号炉为直吹式制粉系统，配有 4 台风扇磨煤机（编号为 13 号、14 号、15 号、16 号）。事故前，13 号磨处于检修状态，其余 3 台磨处于运行状态。运行中的 16 号风扇式磨煤机一次风压回零，司炉马某初步判断为锁风器堵塞，要求副司炉停止 16 号磨运行，在检查 16 号磨锁风器无杂物后，判断为分离器堵，在将情况汇报班长后，随即联系电气运行将 16 号磨停电，并用防误罩扣上了 16 号磨操作开关把手,联系制粉车间值班人员姜某和吕某进行处理,此时,14 号和 15 号磨运行,22 时 33 分,由于 15 号磨突然断煤,致使 4 号炉燃烧不稳瞬间正压,由于检修人员在处理分离器堵塞时,没有插入分离器出口插板(此项工作规定由检修人员完成),16 号磨没有与运行系统隔绝,运行人员没有按安全工作规定监督检修人员采取可靠的隔绝措施,致使火焰冲入磨煤机分离器并引起内部煤粉爆燃,将正在处理分离器堵塞的姜、吕二人烧成重伤,姜某于次日死亡。

三、原因分析

(1)"两票三制"执行不力,缺少相应安全工作检查监督机制。检修工作无票作业,严重违反 DL/T 408—1991《电业安全工作规程(发电厂和变电所电气部分)》工作票制度的补充规定。

(2)违反了 DL/T 408—1991《电业安全工作规程(发电厂和变电所电气部分)》对工作负责人条件的规定。工作负责人一般应由在业务技术上和组织能力上能胜任保证安全、保证质量完成工作任务的人员担任,并应具备足够条件。

(3)运行人员安全意识淡薄,安全生产责任制落实不到位,对无票工作没有提出制止。事故防范、事故预想执行不到位,对其危险性认识不足。

(4)检修人员自我保护意识差,对工作的危险性认识不足。开工前未采取任何安全措施,也未要求运行人员在运行操作调整上采取安全措施。

四、防范措施

(1)加强和完善"两票三制"管理,制定切实可行的工作票制度,杜绝无票工作现象,使工作票制度真正成为设备及检修人员人身安全的重要保障。

(2)严格执行 DL/T 408—1991《电业安全工作规程(发电厂和变电所电气部分)》工作票制度的补充规定中,对工作票签发人、工作许可人、工作负责人条件的规定。

（3）做好危险点分析和预控工作，运行人员在运行调整上、运行方式上所采取的保证人身、设备运行的安全措施一定要认真执行。

案例五　误爬误登事故

一、案例简介

2009 年 4 月 20 日，220kV 某变电站因检修人员误登带电设备触电造成 1 人重伤、4 个 110kV 变电站全停事故。

二、事故经过

2009 年 4 月 20 日，220kV 某变电站检修部变电检修班长李某（伤者）带领班组成员执行接地开关触头缺陷问题，在没有办理工作票、没有经过许可的情况下，擅自带领本工作班人员转移到同间隔的 1032 隔离开关支架处，扩大工作范围，亲自用竹梯登上 2.5m 高的 1032 隔离开关支架处理 103B0 接地开关缺陷。由于李某与带电的 1032 隔离开关之间的安全距离不足，隔离开关触头对人体抢弧放电，李某受弧光烧伤从隔离开关支架上跌落到地面上，同时造成 110kV 母差保护动作，110kV Ⅱ段母线失电压，4 个 110kV 变电站全站失电压，损失负荷 102MW，损失电量约 5 万 kWh。

三、原因分析

（1）擅自扩大工作范围，工作负责人带领班组人员在工作地点的围栏内完成缺陷处理后，擅自进入非工作地点检查处理缺陷，是事故的直接原因。

（2）工作负责人违反规程，本应履行监护职能却没有履行，明知故犯直接参与作业，使整个工作失去安全监护。

（3）工作班成员没有履行安全职责，对擅自扩大工作范围的行为没有拒绝、反对，对误登带电设备的行为没有制止和纠正。

四、防止措施

（1）认真吸取事故教训，深刻认识"违章就是事故之源"。

（2）严肃查处各类违章，深层次分析违章发生的原因，寻找违章发生的规律，坚决杜绝管理性违章，消灭行为性违章，消除装置性违章。

（3）加强现场安全监督管理，严格执行"两票三制"，加强安全教育培训，提高员工安全意识和技能，切实防止同类事故的再次发生。

案例六　跨步电压事故

一、事故简介

2007 年 5 月 4 日，某钢厂滤波室发生了一起跨步电压触电死亡事故。

二、事故经过

2007 年 5 月 4 日下午，瓦工张某、曹某和吕某，三人负责室内西墙抹灰工作。15 时 30 分移到靠近西墙大门北侧时，吕某突然大叫一声，随后便倒在灰槽南侧，呼吸急促、神志不清。随即被抬到室外，后经抢救无效死亡。除吕某右手掌外缘留有电击痕迹外，未见其他痕迹。

三、事故原因

吕某作业时，由于布鞋受潮，脚接近或触及了电缆接头漏电处，两脚之间形成跨步电压，电流流经双脚将其击倒。倒地后裸露右手着地，脚与手之间又形成了新的闭合回路，即跨步电压，然后部分电流又流经右手对地放电，属于跨步电压触电死亡。

四、预防措施

（1）电缆接头处必须采用防水胶布包扎，设置应沿建筑物悬挂或埋地敷设，特别是遇有积水时应采取避让措施。

（2）电气维护人员要经常对电气设施进行检查，发现问题及时处理，手持电动工具和其他用电设备必须按规范规定安装漏电保护器和采取接零保护措施。

（3）要利用多种形式对从业人员进行安全用电常识和触电应急救援知识宣传教育，让大家了解漏电的危害以及如何防范，提高从业人员的自我防护意识。

（4）有关单位要根据工种和作业环境给从业人员配备适当的劳动防护用品，同时要求正确使用，潮湿环境不得穿布鞋。

（5）加强现场管理，保持现场整洁，积水及时清理，物料摆放整齐，工完料净。

案例七　误投保护压板事故

一、案例简介

某变电站检修人员操作漏项误投压板，造成线路遭雷击时主变压器两侧断路器跳闸事故。

二、事故经过

2006 年 11 月 19 日 00 时 47 分 02 秒，110kV 某变电站 110kV 龙黄线线路受雷击距离 I 段保护动作出口，因 110kV 龙黄线跳闸出口压板在退出位置，110kV 龙黄线路断路器未能跳闸；00 时 47 分 04 秒 465 毫秒，1 号主变压器高压侧间隙零序过电流第一时限出口联跳 10kV 黄汤二干、黄升干、黄四干（小水电线路）；00 时 47 分 04 秒 965 毫秒，1 号主变压器高压侧间隙零序过电流第二时限出口跳 1 号主变压器高压侧 101 断路器及低压侧 501 断路器，造成 10kV I 段母线失电压。事故造成甩负荷约 12MW，损失电量 1.1 万 kWh。

三、事故原因

（1）事故后通过检查该站运行工作记录、地调调度操作指令记录及操作录音回放发现：2006 年 7 月 25 日，地调令巡检班巡检人员投入 110kV 龙黄线保护跳闸出口压板，巡检人员经复诵确认无误后，在执行操作过程中误将 110kV 琶黄线保护跳闸出口压板当作 110kV 龙黄线保护跳闸出口压板投入，操作执行完毕后，巡检人员在汇报地调时却清晰的记录"已投入 110kV 龙黄线保护跳闸出口压板"。故漏投 110kV 龙黄线保护跳闸出口压板是造成事故的直接原因。

（2）巡检人员思想麻痹，安全意识淡薄，工作责任心不强，没有认真履行相关职责。没有严格执行调度规程及有关的倒闸操作制度，监护工作也不到位。

（3）巡检人员对操作危险点分析与预控考虑不足，对变电站运行方式改变相对应保护压板的投退情况不熟悉。巡检人员巡视设备不到位，在每天巡视设备时也没能及时发现运行中的 110kV 龙黄线漏投保护跳闸出口压板，导致事故的发生。

（4）巡检运行人员有章不循，没有严格执行操作录音制度，操作录音装置存在缺陷未能处理，在管理上有待加强。

四、防范措施

（1）提高运行人员的工作责任心，深刻吸取教训，坚决与"违章、麻痹、不负责任"三大敌人作斗争。

（2）加强巡检人员的技术培训工作，切实履行专业知识考试、实操等考核制度。

（3）完善变电站保护压板检查制度和使用继电保护压板投退通知单。

案例八　巡视设备人身事故

一、案例简介

检修人员违章巡检高压设备，违章操作，造成人员触电伤亡。

二、事故经过

2007 年 10 月 18 日 10 时 40 分，电气分场变压器班班长王某带检修工李某对 8 号励磁变压器（型号 ZLSC9-2500KVA、额定电压 15.75/0.83kV、额定电流 91.6/1739.01A）进行例行巡查，王某用手持式红外测温仪测温，李某做记录。王某打开柜门，低压侧

C 相，右手持测温仪器，左手扶柜门，将上半身探入柜内，在完成两个点温度测量后，右手碰触到励磁变压器测温线的航空插头，触电倒下。李某立即将王某拉到励磁变压器和整流室之间的过道，同时发现励磁变压器温控器二次线有火苗，在用手机向 8 号机控制室打电话报告"励磁变压器有人触电"的同时，随手拿起测温仪，将脚迈进励磁变压器柜内扑打火苗，造成触电倒在励磁变压器柜门外。此次事故造成 1 人死亡、1 人轻伤。

三、事故原因

（1）检修人员违章进入高压带电设备间隔巡视测温，是造成此次事故的直接原因。

（2）李某将触电人员脱离电源后，没有立即进行急救，而采用错误的方法去试图扑灭设备上的火苗，使其也发生人身触电，是造成事故扩大的直接原因。

（3）8 号机组励磁变压器柜门门锁存在缺陷，致使人员能轻易拉开，设备缺陷管理制度没有真正落实，是造成此次事故的间接原因。

（4）现场管理松懈，检修人员未经运行人员同意办理相关手续进入高压带电设备间隔巡视测温，是造成此次事故的间接原因。

四、防范措施

（1）以保人身为重点　以"两票三制"为抓手，深入开展反违章和全员控制差错活动，加强生产环节与过程的安全监督管理，杜绝无票作业。

（2）对全厂场所、设备、沟洞盖板、门锁、栏杆等进行全面检查，及时补充完善警示线、警告牌等安全设施。

（3）加强应急救护知识的培训工作，提高员工自救互救能力。

附录 A　变电站各类流程图

A.1　变电站交接班作业流程图

变电站交接班流程图如图 A-1 所示，流程说明如下：

1. 交接班前工作分工；

2. 交接班前的准备：交班值长向本班成员布置交接班前的准备工作；

3. 班后会：交班成员按各值职责完成交班前的准备工作；

4. 接班人员准备：接班成员提前到站，做好各项交接准备；

5. 交接班；

6. 存在问题：接班方在对岗交接巡视检查中发现问题（不在交接内容内或当前工作未完成）；

7. 整改：由交班方负责整改；

8. 判断是否发生紧急、特殊情况；

9. 发生紧急、特殊情况，立即停止交接，协同处理后再开始交接班；

10. 接班并签名：接班人员对交班事项清除无异议，对交班人员所完成的各项工作认为符合要求，各种记录与实际属实后，交接班人员分别在运行记录簿上签字后正式接班；

11. 记录存档：做好记录的保存工作；

12. 班前会：交接班结束后，接班值长根据天气、运行方式、工作情况等，安排本值内具体工作，进行危险点预控和分析，做好事故预想。

A.2　变电设备巡视流程图

变电设备巡视流程图如图 A-2 所示。巡视过程：

各变电站制订巡视计划；值班负责人分配巡视任务，巡视人员做好巡视准备；按照巡视路线开展设备巡视；巡视过程中发现设备缺陷，按照设备缺陷处理流程执行；巡视结束后，做好巡视后的记录整理；资料归档。

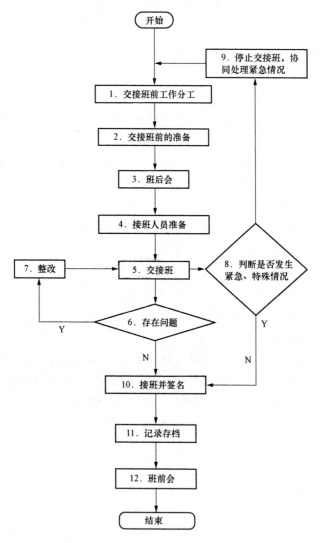

图 A-1　变电站交接班流程图

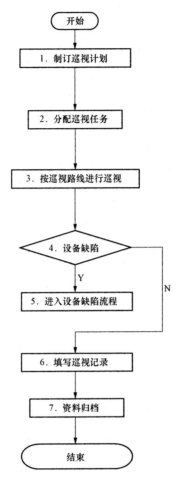

图 A-2　变电设备巡视流程图

155

附录 B 变电站工作票及操作票格式

B.1 变电站第一种工作票格式

单位： 编号：

1. 工作负责人（监护人） 班组

2. 工作班人员（不包括工作负责人）

_____

_____

共 人。

3. 工作的变配电站名称及设备双重名称

_____

_____

4. 工作任务

工作地点及设备双重名称	工作内容

5. 计划工作时间：自 年 月 日 时 分

至 年 月 日 时 分

6. 安全措施（必要时可附页绘图说明）

应拉断路器（开关）、隔离开关（刀闸）	已执行*
应装接地线、应合接地开关（注明确实地点、名称及接地线编号*）	已执行

续表

应设遮栏、应挂标示牌及防止二次回路误碰等措施	已执行

* 已执行栏目及接地线编号由工作许可人填写。

工作地点保留带电部分或注意事项（由工作票签发人填写）	补充工作地点保留带电部分和安全措施（由工作许可人填写）

工作票签发人签名   签发日期： 年 月 日 时 分

7. 收到工作票时间

年　月　日　时　分

运行值班人员签名　　　　　　　　工作负责人签名

8. 确认本工作票 1～7 项

工作负责人签名　　　　　　　　　工作许可人签名

许可开始工作时间：　　年　月　日　时　分

9. 确认工作负责人布置的任务和本施工项目安全措施

_____

_____

_____

_____

_____

　　　　　　　　　　　　　　　　工作班组人员签名

10. 工作负责人变动情况

原工作负责人离去，变更为现工作负责人

工作票签发人　　　　　　　　　年　月　日　时　分

工作人员变动情况（变动人员姓名、日期及时间）：

_____

_____

_____

_____

_____

　　　　　　　　　　　　　　　　工作负责人签名

11. 工作票延期

有效期延长到　　年　月　日　时　分

工作负责人签名　　　　　　年　月　日　时　分

工作许可人签名　　　　　　年　月　日　时　分

12. 每日开工和收工时间（使用一天的工作票不必填写）

收工时间				工作负责人	工作许可人	开工时间				工作许可人	工作负责人
月	日	时	分			月	日	时	分		

13. 工作终结

全部工作于　　年　月　日　时　分结束，设备及安全措施已恢复至开工前状态，工作人员已全部撤离，材料工具已清理完毕，工作已终结。

工作负责人签名　　　　　　　工作许可人签名

14. 工作票终结

临时遮栏、标示牌已拆除，常设遮栏已恢复。未拆除或未拉开的接地线编号____等共____组，接地开关（小车）编号_____共____副（台），已汇报调度值班员。

工作许可人签名　　　　　　　　年　月　日　时　分

15．备注

（1）指定专责监护人负责监护

（地点及具体工作）

（2）其他事项

B.2 变电站第二种工作票

单位：　　　　　　编号：

1．工作负责人（监护人）　　　　班组

2．工作班人员（不包括工作负责人）

共　　人。

3．工作的变配电站名称及设备双重名称

4．工作任务

工作地点或地段	工作内容

5．计划工作时间：自　　年　月　日　时　分

至　　年　月　日　时　分

6．工作条件（停电或不停电，或邻近及保留带电设备名称）

（1）工作对象要求的条件（停电或不停电）＿＿＿＿＿＿＿

（2）工作环境即邻近及保留带电设备名称＿＿＿＿＿＿＿

7. 注意事项（安全措施）

_____

_____

_____

_____

工作票签发人签名　　签发日期　　年　月　日　时　分

8. 补充安全措施（工作许可人填写）

_____

_____

_____

_____

9. 确认本工作票 1～8 项

许可工作时间：　　年　月　日　时　分

_____

工作负责人签名　　　　　　　　工作许可人签名

10. 确认工作负责人布置的任务和本施工项目安全措施

工作班人员签名

_____

_____

_____

11. 工作票延期

有效期延长到　　年　月　日　时　分

工作负责人签名　　　　　　　　年　月　日　时　分

工作许可人签名　　　　　　　　年　月　日　时　分

12. 工作票终结

全部工作于　　年　月　日　时　分结束，工作人员已全部撤离，材料工具已清理完毕。

工作负责人签名　　　　　　　　年　月　日　时　分

工作许可人签名　　　　　　　年　月　日　时　分

13. 备注

B.3 变电站倒闸操作票（监护操作）

单位：　　　　　　　　　编号：

发令人		受令人		发令时间	年　月　日　时　分
操作开始时间： 　　　年　月　日　时　分				操作结束时间： 　　　年　月　日　时　分	
操作任务：					

顺序	操作项目	√

备注：

拟票人：	审票人：	值班负责人：
操作人：	监护人：	值班负责人（现场运行负责人）

附录C 安全工器具检查卡

表 C-1 安全工器具检查卡

设备名称		编号	序号	巡视标准	次数									
工具柜	绝缘手套	1号（左）、1号（右）；2号（左）、2号（右）	1	有统一、规范、清晰的编号，存放保管符合要求										
			2	有完整的试验合格标签和试验记录，在试验周期内										
			3	无外伤、裂纹、毛刺、划痕、污渍										
			4	卷曲试验不漏气，无机械损伤										
	绝缘靴	1号（左）、1号（右）；2号（左）、2号（右）	1	有统一、规范、清晰的编号，存放保管符合要求										
			2	无外伤、裂纹、毛刺、划痕										
			3	有完整的试验合格标签和试验记录，在试验周期内										
	绝缘棒	10kV：1号、2号；35kV：1号、2号	1	有统一、规范、清晰的编号，存放保管符合要求										
			2	绝缘部分的表面无裂纹、破损或损伤										

续表

设备名称	编号	序号	巡视标准	次数								
工具柜	绝缘棒	10kV：1号、2号；35kV：1号、2号	3	金属端紧固、完整无断裂、无锈蚀									
			4	有完整的试验合格标签和试验记录，未超过有效期									
	验电器	10kV：1号、2号；35kV：1号、2号	1	验电器有统一、规范、清晰的编号，并注明使用的电压等级									
			2	绝缘杆完整无划损、无裂纹									
			3	验电器声光器按压试验良好，音量足够，备用电池充足									
			4	存放整齐、美观									
			5	有完整的试验合格标签和试验记录，未超过有效期									
			6	绝缘夹活动灵活，不会卡滞									
	防毒面具	无	1	面具密封性良好，无老化、无损伤、无划痕									
			2	眼罩无损伤、无划痕，且事物清晰不模糊									
			3	检查滤毒罐有无过期（5年）									

续表

设备名称		编号	序号	巡视标准	次数								
工具柜	防毒面具	无	4	面具与**滤毒罐导管**无老化、无损伤、无划痕，各卡口连接正常									
	安全围栏绳	1号、2号、3号、4号	1	无老化、脆裂、霉变、断股或扭结									
			2	存放整齐、美观									
			3	有"止步，高压危险!"标志，字迹清晰									
	红布幔	1号、2号、3号、4号	1	存放整齐、美观									
			2	无破损、霉变									
	雨衣	1号、2号、3号	1	存放整齐、美观									
			2	无破损、霉变									
	应急灯	1号	1	亮度充足									
			2	外观无损坏、镜片无裂纹									
	接地线	10kV：1号、2号、3号、4号、5号、6号	1	接地线摆放整齐，对号存放									
			2	携带型短路接地线的编号应明显，并注明使用的电压等级									

设备名称		编号	序号	巡视标准	次数								
工具柜	接地线	10kV：1号、2号、3号、4号、5号、6号	3	接地线线夹紧固可靠，转动灵活，无锈蚀									
			4	接地线绝缘护套完好，软导线无裸露、无断股									
			5	软裸铜线结构紧密，无断股、磨损；护套无破损、无老化、有规范标示									
			6	接地操作棒各端接头封固、组合连接完好									
			7	接地操作棒部分表面无裂纹、破损或污渍，无受潮等缺陷；握手部分和工作部分有护环或明显标志									
	接地线	35kV：7号、8号、9号、10号、11号、12号	1	接地线摆放整齐，对号存放									
			2	携带型短路接地线的编号应明显，并注明使用的电压等级									
			3	接地线线夹紧固可靠，转动灵活，无锈蚀									
			4	接地线绝缘护套完好，软导线无裸露、无断股									
			5	软裸铜线结构紧密，无断股、磨损；护套无破损、无老化、有规范标示									
			6	接地操作棒各端接头封固、组合连接完好									

续表

设备名称		编号	序号	巡视标准	次数									
工具柜	接地线	35kV：7号、8号、9号、10号、11号、12号	7	接地操作棒部分表面无裂纹、破损或污渍，不受潮等缺陷；握手部分和工作部分有护环或明显标志										
安全工具室	绝缘直梯	1号	1	有统一、规范、清晰的编号										
			2	无严重变形，连接牢固可靠（禁止使用钉子）										
			3	防滑装置（橡胶套）齐全可靠										
			4	梯阶的距离合理无断裂										
	安全帽（黄、红、白色）	全站所有安全帽	1	帽壳完整无裂纹、损伤或老化，无明显变形										
			2	组件完好（包括帽箍、顶衬、后箍、下颚带等）、齐全、牢固										
			3	永久性标志清楚：制造厂名称及商标、型号；制造年、月；许可证编号										
			4	帽舌伸出长度为10～50mm，倾斜度为30°～60°										
			5	顶部缓冲空间为20～50mm										

续表

设备名称		编号	序号	巡视标准	次数									
安全工具室	安全帽（黄、红、白色）	全站所有安全帽	6	属于有生产许可证的厂家生产的合格产品，并经过安全技术检验，贴有安检标志，未超期使用										
			7	摆放平稳不摇晃										

参 考 文 献

［1］国家电网公司. 国家电网公司电力安全工作规程（变电部分）［M］. 北京：中国电力出版社，2009.

［2］赵荣. 供电企业班组安全培训教材［M］. 北京：中国电力出版社，2008.

［3］山西省电力公司. 新员工安全教育［M］. 北京：中国电力出版社，2012.

［4］中国华北电力集团公司. 农电安全规范图册［M］. 北京：中国电力出版社，2003.

［5］黄晋华. 供电企业班组天天安全365. 变电运行［M］. 北京：中国电力出版社，2008.

［6］山西省电力公司. 电力消防安全知识使用手册［M］. 山西电力系统内部发行，2007.

［7］山西省电力公司. 触电防范及现场急救［M］. 北京：中国电力出版社，2001.

［8］山西省电力公司. 电力安全工器具［M］. 北京：中国电力出版社，2012.

［9］山西省电力公司. 触电防范及现场急救［M］. 北京：中国电力出版社，2012.

［10］山西省电力公司. 规范个人行为　远离事故危害安全知识百问百答［M］. 山西省电力公司内部资料，2008.

［11］山西省电力工会. 电力安全文化誓言集粹［M］. 山西省电力公司内部资料，2002.

［12］习惯性违章面面观——变电站倒闸操作及设备检修［CD］. 北京：中国电力音像电子出版社，2007.

［13］山西省电力公司. 新生产人员安全教育［M］. 北京：中国电力出版社，2001.